歴史群像シリーズ
太平洋戦史スペシャル vol.2
決定版 零式艦上戦闘機

CONTENTS

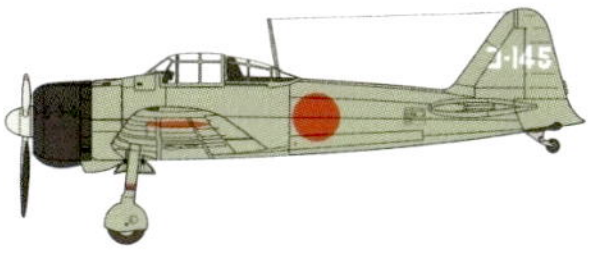

「零戦」誕生と変貌の足跡

太平洋を制覇した「零戦」部隊

零戦 エースの搭乗機

「零戦」の戦歴●文＝秋本 實

イラスト＝保坂宗雄
胃袋豊彦
片渕須直

強く求められていた20㎜機銃と

昭和11年(1936)6月、浦賀船渠がスイスのエリコン社から20㎜機銃と弾薬包の製造販売権を

昭和11年11月の航空技術本部『現状報告』に、「九六式艦戦二型」として「翼上20㎜機銃２個を装備せるものにして現存するもの２機、横空廠、横空にて実験中」とあり、また、「九六式艦戦三型」として「九六式艦戦に『ヒ』式500馬力発動機減速付を装備し『モーターカノン』を搭載するものにして目下三菱において２機試作中。12年２月完成の予定」という記述がある。さらに、同文書には、「12年度において三菱、中島に注文し20㎜機銃装備艦上戦闘機を試作の予定」として、次期戦闘機の内容が簡単に記されていた。

当時の艦上戦闘機の任務は、６～７ページに掲載の『十二試艦上戦闘機計画要求書』の冒頭の「目的」に明記されているように、味方主力艦隊の上空における「敵攻撃機の阻止撃攘（げきじょう）と敵観測機の掃蕩（そうとう）」の二つが中心で、艦隊防空を主体とした迎撃機としての艦戦構想がメーンであった。

このころ登場し始めた高速の双発爆撃機の攻撃から主力艦隊を守るために、一撃で爆撃機を葬り去る兵装として20㎜機銃の国産化が急がれ、それを搭載する艦上戦闘機の開発が強く求められていたのである。

昭和10年、陸海軍の研究実験用に三菱が２機輸入したイスパノ式20㎜モーターカノン搭載のドボアチーヌD-510Ｊ戦闘機。

九五式艦上戦闘機

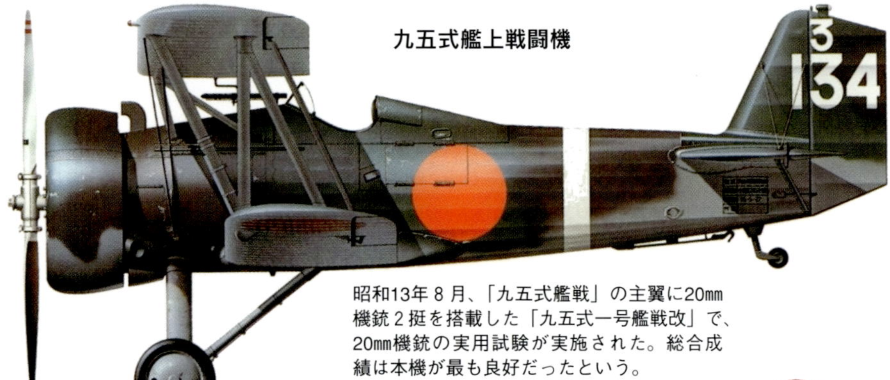

昭和13年８月、「九五式艦戦」の主翼に20㎜機銃２挺を搭載した「九五式一号艦戦改」で、20㎜機銃の実用試験が実施された。総合成績は本機が最も良好だったという。

九六式二号一型艦上戦闘機

二号一型を改造し翼内にＦＦ20㎜機銃２挺を搭載した「九六式一号艦戦改（Ａ５Ｍ１a）」が、２機テストに供された。

イラスト＝渡部利久

搭載実験機での運用試験

取得する。海軍は直ちに既存の戦闘機を改造して20㎜機銃の運用実験を開始した。

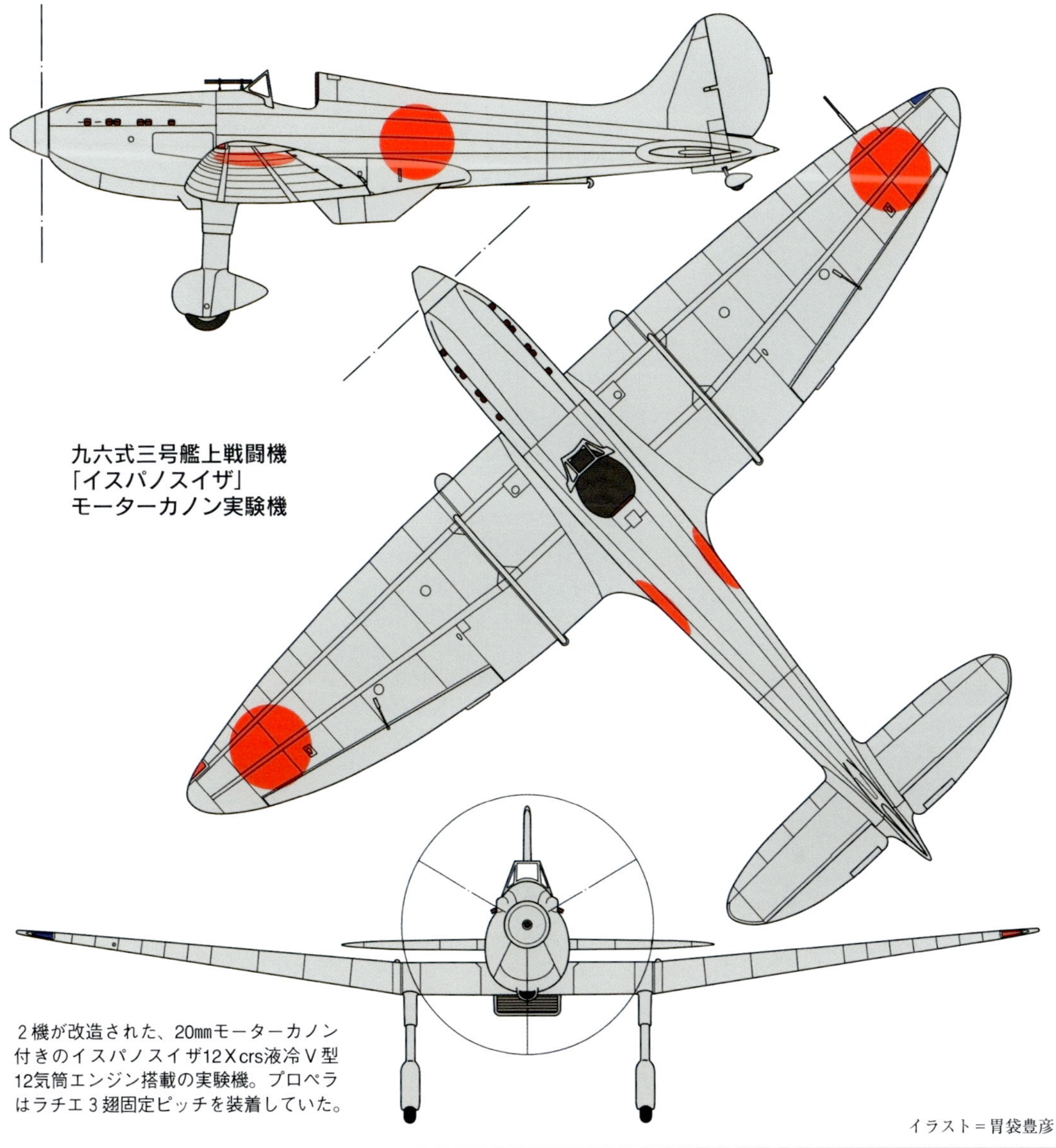

九六式三号艦上戦闘機
「イスパノスイザ」
モーターカノン実験機

2機が改造された、20㎜モーターカノン付きのイスパノスイザ12Ｘcrs液冷Ｖ型12気筒エンジン搭載の実験機。プロペラはラチエ３翅固定ピッチを装着していた。

イラスト＝胃袋豊彦

［左］川崎が昭和９年に陸軍用として試作した戦闘機用の20㎜モーターカノン付きの液冷倒立Ｗ型エンジン。［右］中島の「十四試液冷700馬力」エンジン。イスパノ12Ｙを徹底的に研究し製作したモーターカノン用の試作エンジンで、社内呼称はＮＬＦ。

－2－

(二)上昇力　三、〇〇〇米迄三分三〇秒以内五、〇〇〇米迄五分三〇秒以内
(三)離艦距離　合成風速十二米/秒ニ於テ七〇米以内
(四)着速　五十八節以下
(五)降下率　三、五乃至四、五米/秒
(六)航續力
(イ)正規満載ニ於テ高力馬力一、二時間
(ロ)過荷重狀態ニ於テ高力馬力一、五時間巡航速滯空六時間以上
尙計畫上餘裕アル場合ハ極力最高速ノ向上ヲ計ルモノトス
六、兵裝及艤裝

搭載品名	數量	重量（瓩）	記事
射 二〇粍固定機銃	二	四四、五〇	「プロペラ」回轉圏外翼上装備
同 用彈藥包	一銃ニ付 六〇發	一銃 一九、七四 二銃 三九、四八	

2

－3－

	搭載品名	數量	重量（瓩）	記事
射	二〇粍機銃用氣蓄器 壓搾	一	約一、五瓩	
	唧筒	一	約四瓩	
	七、七粍固定機銃	二	二四、六〇	胴体附近ニ装備
	同 用彈藥包	一銃ニ付 四五〇發	三〇、六〇	
擊兵器	空廠式同調裝置	一	三、二〇	
	機銃照準器	一	オイジー一、八九五 環狀〇、二六〇	
通信兵器	九六式空一號無線電話機	一	二〇、〇〇〇	
	電動直流發電機空二型	一		
	直結發電機一型	一	九、一九	
	三號二次電池二十一型	一	一一、〇〇	
	試製長波送信機（附加裝置）		約一〇、〇	
雜兵器	八九式二型改一落下傘	一	九、二〇	
	浮泛裝置	一	六、〇〇	
	消火裝置	一	七、二〇	
	夜間照明裝置	一式	一二、〇〇	
	酸素吸入裝置	一	一二、六〇	

6

－4－

七、艤備計器

裝備計器（約十一瓩）	個數	記事
(一)高度計 三型	一	
(二)一號速力計 三型	一	
(三)九二式航空羅針儀	一	
(四)水平儀 二型（小型）	一	
(五)旋回計 二型	一	
(六)「ベンチュリー」管 一型	一	眞空唧筒ヲ有スルモノハ必要ナシ
(七)同 二型	一	
(八)昇降度計	一	
(九)航空時計	一	
(十)荷重計 二型	一	
(十一)二號回轉計 三型	一	
(十二)油壓計 三型	一	
(十三)溫度計 一型	一	

4

－5－

裝備計器	個數	記事
(十四)「ブースト」計二型	一	
(十五)筒溫計	一	
(十六)油量計	若干	
(十七)排氣溫度計		

備考　裝備計器ハ木型審査ノ結果變更スルコトアルベシ
八、强度
飛行機計畫要領書第九類ニ依ル
九、其ノ他ノ要求
(一)座席內ハ冷氣通風裝置ヲ設クルコト
(二)必要ニ應ジ三〇瓩爆彈二個ヲ携行シ得ルコト
(三)吹流曳航可能ナル如ク考慮スルコト
(四)必要ニ應ジ八九式活動寫眞銃改一、一ヲ装備シ得ルコト
(五)過荷重狀態ニ於ケル燃料槽ハ落下增槽トス

（終）

5

『十二試艦上戦闘機計画要求書』の全貌

「十二試艦戦」の目的は何か？　それは『要求書』冒頭に明記されていた。一方、防弾の項目がないことは設計側への配慮だったのか？

「十二試艦戦」への大航続力要求の背景

昭和12年10月5日に三菱、中島に交付された「零戦」の性能を具体的に規定した『十二試艦上戦闘機計画要求書』（見開きに全文掲載）は、前年11年発布の『性能標準』の艦上戦闘機の項目をほぼ引き継ぐ形でまとめられており、すでに11年の時点で「巡航6時間以上」の航続力が求められていた。

6時間以上の巡航能力が要求された背景には、いったい何があったのだろうか。

それは、11年の『性能標準』に立脚して作成された、この『十二試艦上戦闘機計画要求書』の冒頭の「目的」で明らかにされている。すなわち、「攻撃機の阻止撃攘を主とし、なお観測機の掃蕩に適する艦上戦闘機を得るにあり」と……。

観測機とは、主力艦（戦艦）が砲戦を実施する際に用いられる弾着観測機のことである。

つまり、「十二試艦戦」に求められたものとは、主力艦同士の洋上決戦の際に味方主力艦隊の上空に長時間待機して、まずは来襲する敵攻撃機を撃退し、次に砲戦開始とともに飛来する敵の弾着観測機を一掃することであり、それに必要な滞空時間である「巡航6時間以上」と強力な武装としての20㎜機銃の搭載だったのである。

防弾装備は要求から外された

この当時、陸攻の被害が拡大していたために防弾鋼鈑や防漏タンクの装備は喫緊の課題だったが、重量面や技術的な問題から先送りの状態にあった。ましてや、900馬力程度のエンジンを使用する「十二試艦戦」では、要求性能が防弾鋼鈑1枚の重量によって影響されることを避けたのであろう。ちなみに、のちに三菱側は、20㎜機銃そのものの重量を性能阻害の要因にあげている。

扉

十二試艦上戰鬪機計畫要求書

海軍航空本部

－1－

十二試艦上戰鬪機計畫要求書

一、目　的

攻擊機ノ阻止擊攘ヲ主トシ尚觀測機ノ掃蕩ニ適スル艦上戰鬪機ヲ得ルニアリ

二、型　式

「プロペラ」回轉圏外ニ翼上二〇粍固定機銃二挺ヲ裝備スルト共ニ胴体附近ニ七、七粍機銃二挺ヲ裝備シタル單座機

三、主要寸度

全　幅　一二、〇米
全　長　一〇、〇米　以内成ルベク小ナルコト
全　高　三、七米

四、裝備發動機

昭和十二年九月末迄審査終了ノ發動機

五、性　能　（正規全備狀態）

(一)速　力　高度四、〇〇〇米ニ於テ二七〇節以上（高力馬力ニテ）

1

最終デザイン決定へのプロセス

「零戦」の洗練されたスタイリングは、何種類ものプランから選び抜かれたものだった。

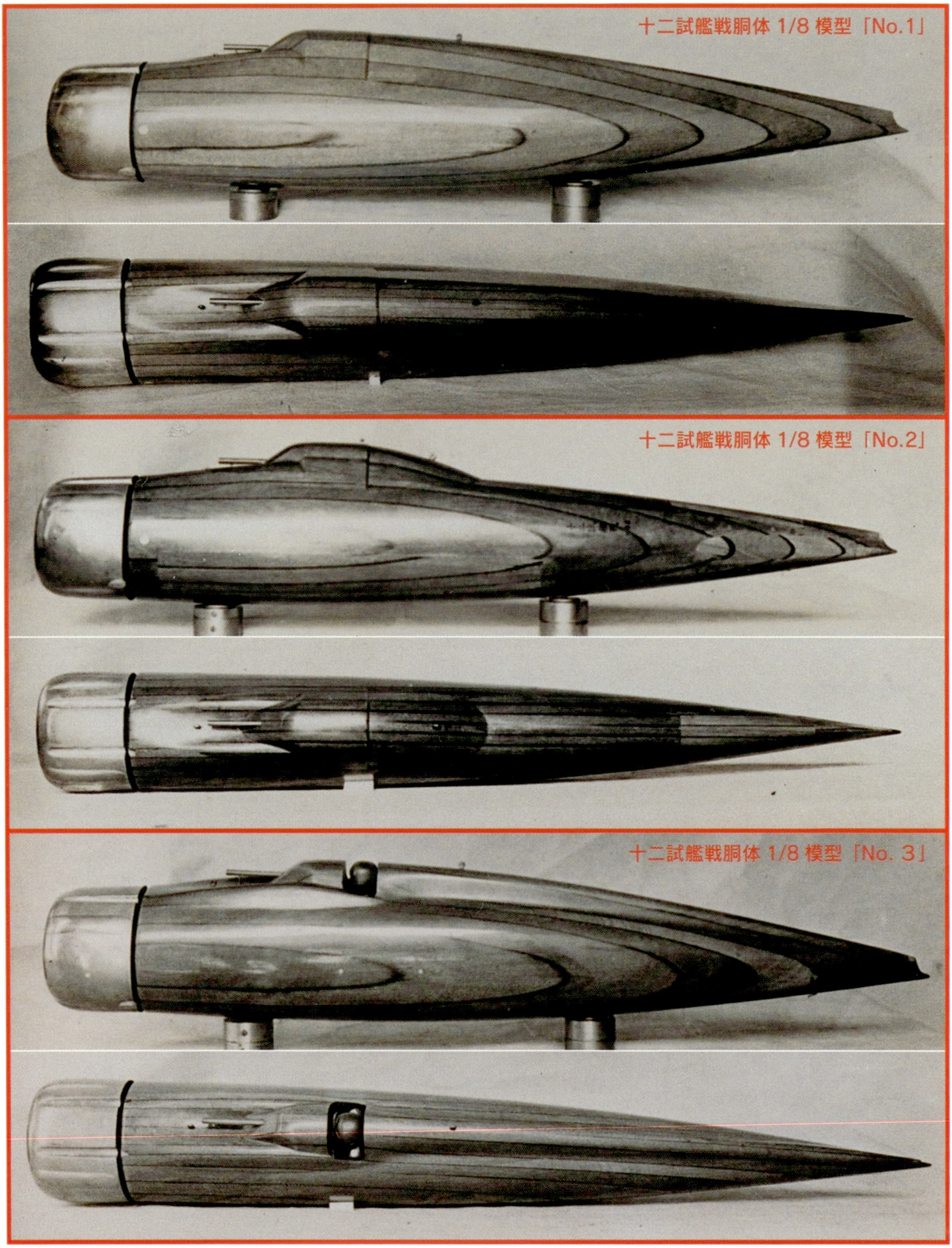

風洞試験用のさまざまな胴体模型。結局、中段の「No.2」の胴体が次のステップに進んだ。3種類の模型に共通しているのは、胴体の7.7mm機銃の収容部の膨らみが非常に大きく、真正面以外の前方視界を大きく妨げている点である。

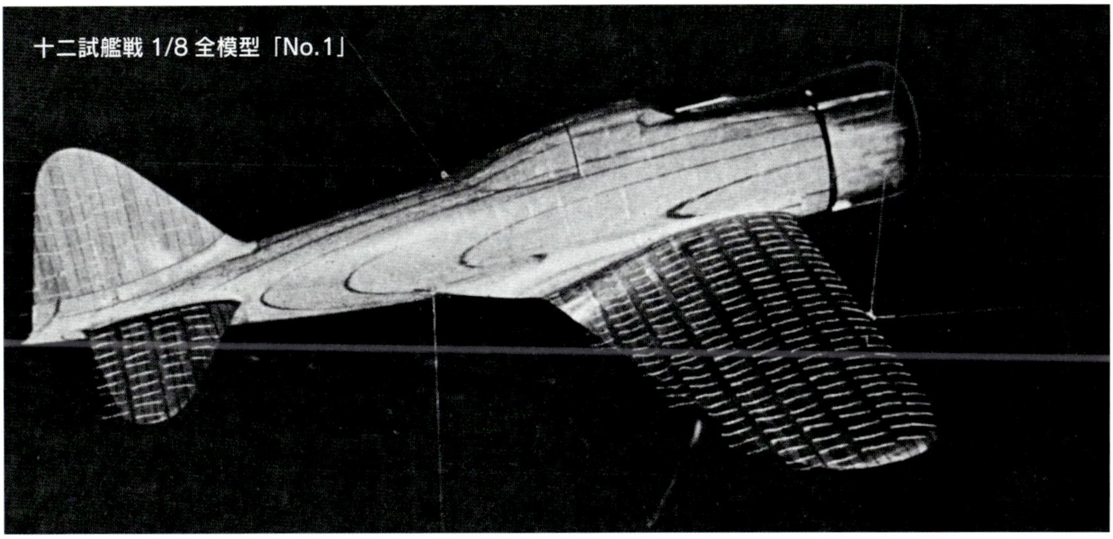

十二試艦戦 1/8 全模型「No.1」

［上］風洞テスト中の「十二試艦戦」の全模型「No.1」。全体的には完成した試作機とほぼ同じデザインであるが、前部風防の7.7㎜機銃の収納部などの形はまだ前段階にある。［下図］当初の段階では、気化器用と滑油冷却用の空気取り入れ方法は、カウリング内に設置した導風管によるものであることが図から読み取れる。［下］風洞による横風テストの模様と思われる一葉。機首下面に、滑油冷却用の空気取り入れ導風管と思われる突起が見える。眼鏡式照準器であること以外は、完成機の仕上がりに近い。

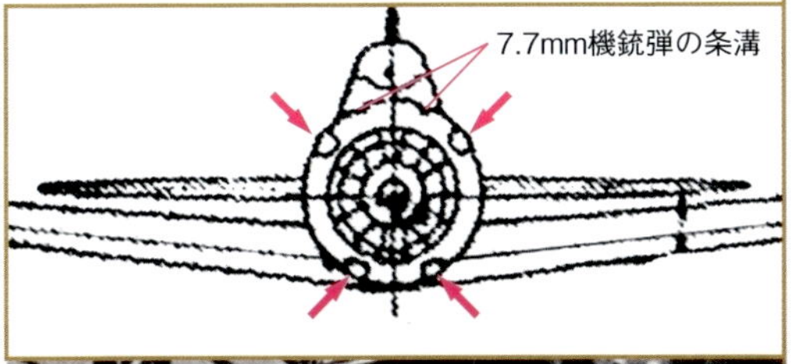

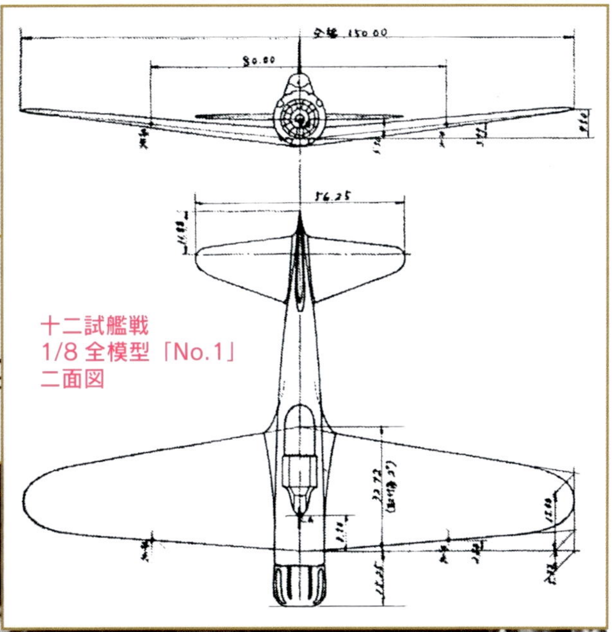

十二試艦戦
1/8 全模型「No.1」
二面図

十二試艦戦試作1号～3号機

自社製「瑞星」エンジン搭載の1、2号機と中島「栄」に換装し尾翼を改修した3号機。

航空本部側は当初から、「十二試艦戦」用のエンジンとして、中島が開発中の「栄」一〇型に白羽の矢を立てていたが、クランクシャフトが折れるトラブルが発生したために、試作機の完成が遅延しないように三菱の「瑞星」に切り替えた。

右ページの「胴体組立図」を見ると、胴体1番隔壁の前に0番隔壁がある。この通常はありえない措置は、「十二試艦戦」とほぼ同時に開発がスタートした、高出力で2速過給機装備の全長が若干長い「栄」二〇型への換装を予定したうえでの対策と推定される。

試作1号機は昭和14年3月17日に完成、初飛行は翌4月1日だった。設計主務者の堀越二郎技師を長とする技術陣は、1gといえどもおろそかにしない厳しい重量管理のもと徹底した重量軽減を実現し、さらに、多くの新機軸を盛り込んで、離昇わずか780馬力、公称馬力でさえ875馬力（高度3000m）に過ぎないエンジンで、高度の水準でしかも相反するような諸要求をすべてクリアした。試作3号機からは離昇940馬力、公称950馬力の「栄」に換装されたが、「瑞星」搭載機の性能はそれにまったく見劣りしなかったのである。

［上］組み立て中の試作1号機。工場内の背景や垂直尾翼の形状が、機密保持のために修整されている。水平尾翼の先端付近に立っているのが、設計主務者の堀越二郎技師。写真からも、水平尾翼の取り付け位置がのちの機体よりかなり低いことが見てとれる。［左］振動試験中の試作2号機。プロペラはハミルトン・タイプの可変ピッチ式だが、ブレード数が3翅になるのは試作3号機から。1号機の気化器の空気取り入れ口および導風管の装備法は、同じ三菱製の「九九式襲撃機」と同様、カウリング内に収めたタイプと推定されるが、この2号機からは、機首下面に滑油冷却器空気取り入れ口と組み合わせたものに変更されている。

十二試艦上戦闘機（Ａ６Ｍ１）試作１号機

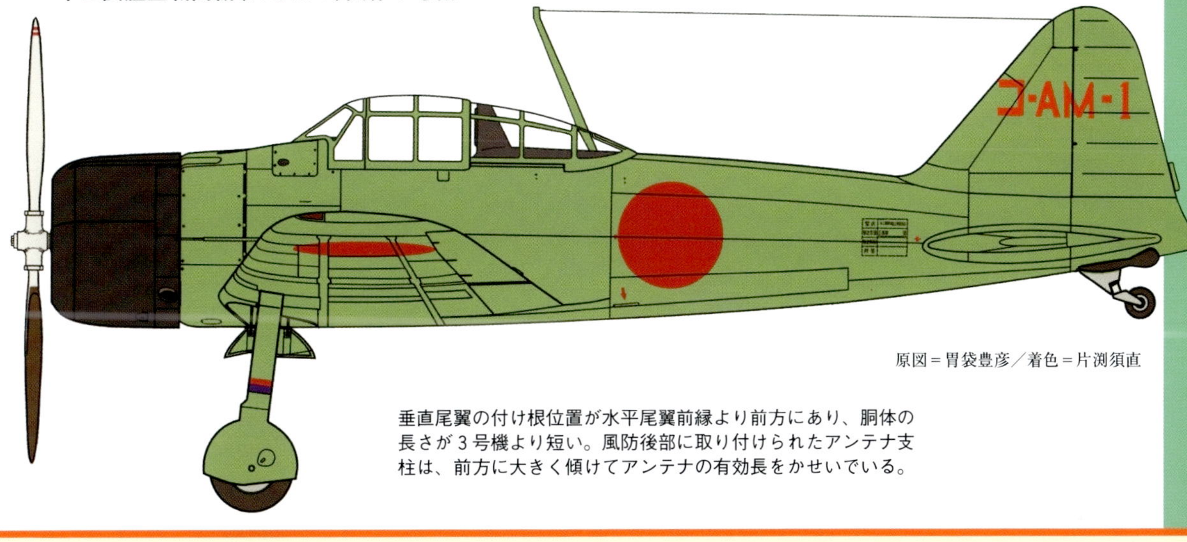

原図＝胃袋豊彦／着色＝片渕須直

垂直尾翼の付け根位置が水平尾翼前縁より前方にあり、胴体の長さが３号機より短い。風防後部に取り付けられたアンテナ支柱は、前方に大きく傾けてアンテナの有効長をかせいでいる。

試作１、２号機（Ａ６Ｍ１）

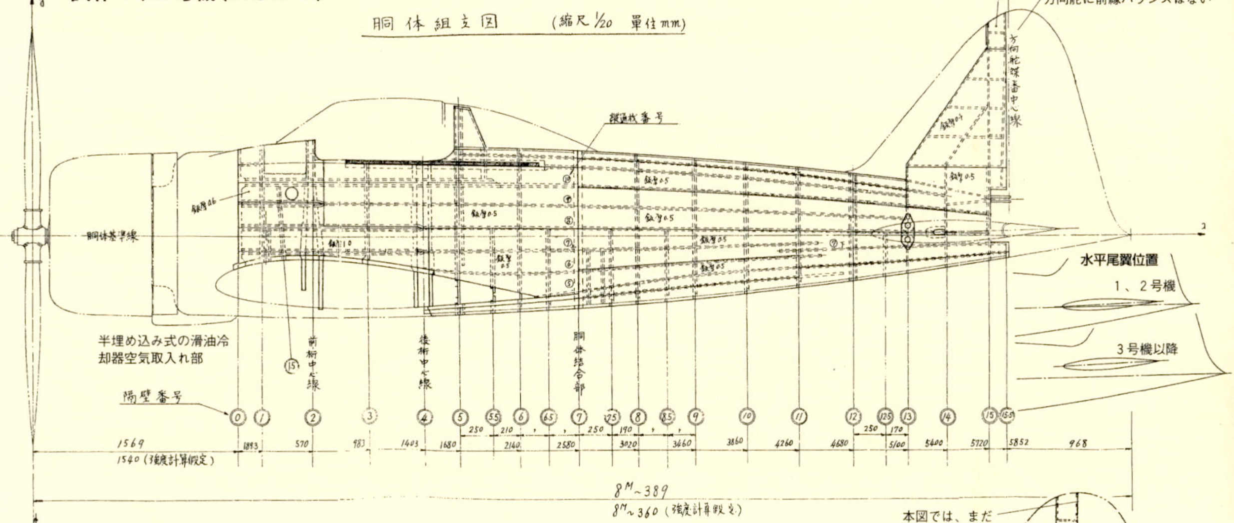

試作３号機（Ａ６Ｍ２の試作１号機）

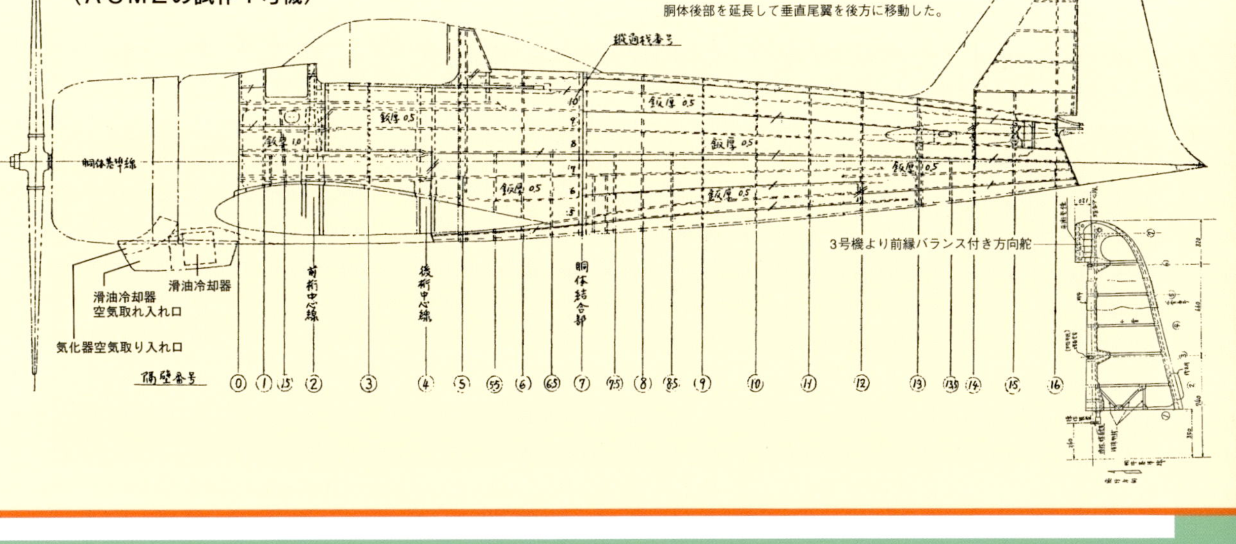

零戦一一型：A6M2a（旧型式呼称：零式一号艦上戦闘機一型）

A6M2試作1号機から通算66号機が一一型で、着艦フックをもたない陸上戦闘機型だった。

「十二試艦戦」の試作6号機（A6M2の試作機としては4号機）である三菱706号機。艦上戦闘機としての試作機で、イラストからも分かるように、本機は翼端を下方に折り畳む方式が採用されていた。美しい機体は、無塗装に研磨仕上げである。

「零戦」の実戦デビューは、海軍に前例のないユニークなものだった。初期量産機に交じって実用試験中の「十二試艦戦」が中国・漢口基地の第十二航空隊に配属されたのである。そのうちの1機である「3-112」号機（A6M2の807号機）は、尾翼に描かれた撃墜マークでよく知られている機体である。

「十二試艦戦」は、まだ「栄」搭載機は3号機のみが完成・試験中という早い時点で315機の量産が予定されていた。内訳は、局地戦闘機として40機、艦戦として275機で、局戦40機は引き続いて中国戦線に投入する分であった。

昭和15年7月から漢口の十二空に配備された試作機から制式機となった機体を含む「零戦」一一型は、中国空軍のソ連製戦闘機「I-15」、「I-16」を圧倒して好評を博したが、エンジンの冷却不備などの問題も抱えていた。さらに、16年2月に起きた下川機の空中分解事故もあって、それらの原因を解決する対策項目は初期生産機ほど大掛かりとなる傾向にあった。そのため、「零戦」一一型は中国大陸での任務を終えると、急速にその姿を消すことになる。

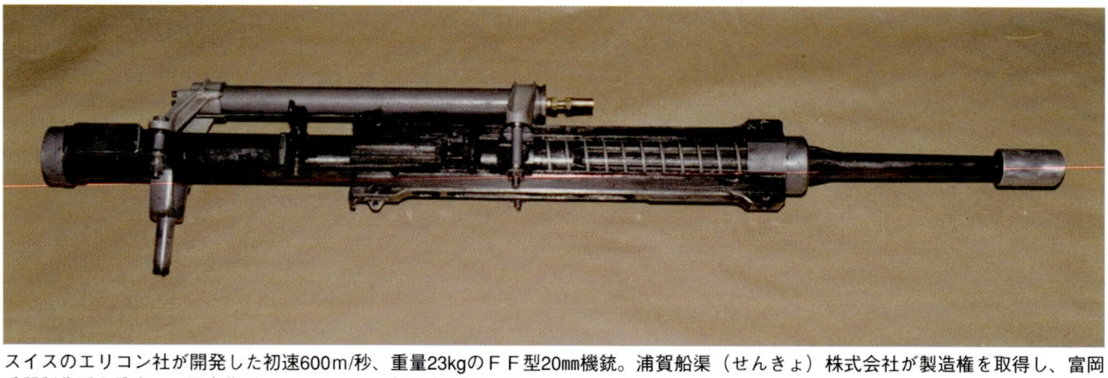

スイスのエリコン社が開発した初速600m/秒、重量23kgのFF型20mm機銃。浦賀船渠（せんきょ）株式会社が製造権を取得し、富岡兵器製作所を設立して国産化がスタートした。富岡兵器製作所は、のちに浦賀船渠から独立し大日本兵器株式会社となる。

イラストと写真は、いずれも「零戦」一一型が最初に配備された漢口基地の第十二航空隊機。写真の機体は、排気管が37号機以降の下方に移された機体で、さらに、第３風防後端部の形状から、胴体分割時に取り外し式となった47号機以降であることが分かる。

零戦一一型：Ａ６Ｍ２ａ主要目

全幅	12.00m
全長	9.05m
自重	1670kg
正規全備重量	2326kg
翼面積	22.438㎡
翼面荷重	104kg
発動機	栄一二型空冷星形14気筒
排気量	27.9ℓ
離昇馬力	940馬力
公称馬力／高度	950馬力／4200m
プロペラ直径／翅数	2.90m／３翅
燃料消費量	82.0ℓ/h（333km/h巡航）
燃料搭載量	525ℓ
増槽	330ℓ
最大速度	約509km/h
急降下制限速度	518km/h
航続力	全力30分＋2530km
巡航航続力	3230km（推測値）
離陸滑走距離	198m
上昇時間	6000mまで7分27秒（推定）
翼内機銃	九九式20㎜一号銃二型×２
携行弾数	各60発
胴体機銃	九七式7.7㎜機銃×２
携行弾数	各銃700発
爆弾	60kg×２
備考	予定より１機多い49号機まで陸上機型。50号機より着艦フック装備。

零戦二一型：A6M2b

（旧型式呼称：零式一号艦上戦闘機二型）

空母飛行機隊および基地航空隊の戦闘機として開戦後に太平洋を席巻した全盛期のタイプ。

通算67号機から、翼端折り畳み機構と着艦フックが装備された艦上戦闘機型である二一型となった。そのほかの改正点としては、気化器空気取り入れ口の面積の縮小、プロペラの付け根部（シャンク）の軽量化、一一型27号機（下の写真の「コ-142」号機）で試験された水平尾翼取り付け角の採用などがあげられる。

しかし、二一型は、下川大尉の命を奪った135号機の空中分解事故で最大の欠陥を露呈する。それは、主翼のねじれという剛性不足と補助翼のフラッターというばたつき現象だった。対策として、主翼外鈑の一部の増厚、補助翼の操舵力軽減のために付したバランス・タブの廃止、さらに、補助翼の重心位置をヒンジ中心の前方に据えるためのマスバランスの増加が講じられた。しかし、次ページの図からも、重心位置に関しては一度の措置で解決したわけではないことがうかがえる。

これらの対策によって欠陥を克服した「零戦」二一型は、ガダルカナル島の攻防戦の開始まで、太平洋の制空権を日本軍にもたらす立役者として大活躍し、戦史にその名を永遠に刻むことになる。

零式一号艦戦艦上運用実験機

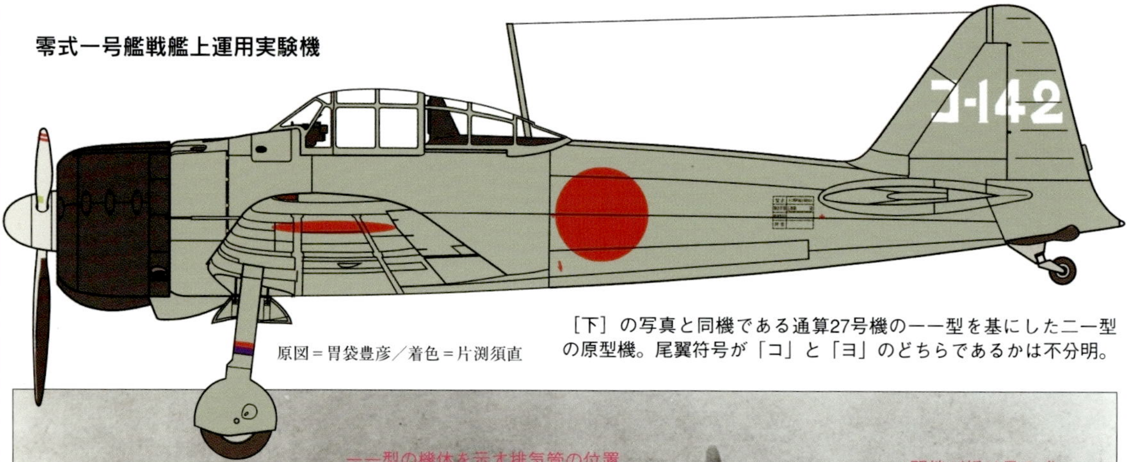

原図＝胃袋豊彦／着色＝片渕須直

［下］の写真と同機である通算27号機の一一型を基にした二一型の原型機。尾翼符号が「コ」と「ヨ」のどちらであるかは不分明。

［上］取扱説明書の口絵になった写真で、上のイラストと同機。翼端上方折り畳み、着艦フックの装備、補助翼バランス・タブ、クルシー式無線帰投方位測定機、水平尾翼の取り付け角などの実用試験が実施された二一型の原型機。［左］これも取説に掲載された機体で［上］と同型の排気管の位置が高位置にある、一一型36号機以前の初期生産機。

ハワイ作戦の進発地である択捉（えとろふ）島の単冠（ひとかっぷ）湾に停泊中の空母「赤城」甲板に係止された二一型。[下図] にあるように、通算326号機までに取り付けられた突出型補助翼マスバランスの装着機である。昭和16年４月17日に起きた135号機の事故の対策工事は空母「零戦」隊を中心に実施されたが、出撃までに工事が間に合わなかった機体は急降下速度が制限された。一方、改修された機体は、主翼の剛性が増して高速時の微妙なゆがみがなくなり、最高速度が従来の約509km/hから533km/hに向上している。

補助翼マスバランス

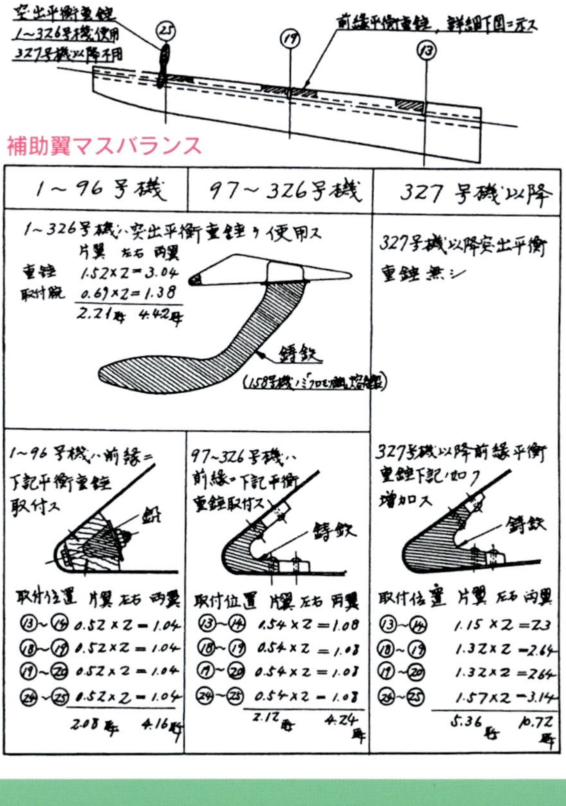

零戦二一型：Ａ６Ｍ２b主要目

全幅	12.00m
全長	9.05m
自重	1754kg
正規全備重量	2421kg
翼面積	22.438㎡
翼面荷重	108kg
発動機	栄一二型空冷星形14気筒
排気量	27.9ℓ
離昇馬力	940馬力
公称馬力／高度	950馬力／4200m
プロペラ直径／翅数	2.90m／３翅
燃料消費量	82.0ℓ/h（333km/h巡航）
燃料搭載量	525ℓ
増槽	330ℓ／320ℓ（爆戦用増槽×２の改修例あり）
最大速度	約533km/h（機体改修後）
急降下制限速度	629km/h（下川事故対策改修後）
航続力	全力30分＋2530km
巡航航続力	3230km（推測値）
離陸滑走距離	198m
上昇時間	6000mまで７分27秒（推定）
翼内機銃	九九式20㎜一号銃二型×２
携行弾数	各60発（後期は100発）
胴体機銃	九七式7.7㎜機銃×２
携行弾数	各700発
爆弾	60kg×２
備考	中島での転換生産は16年12月より。

「零戦」に盛り込まれた新機軸

直径3.5㎜の操縦索が絶妙な昇降舵操縦性を実現

「零戦」の操縦系統は、一般的な人力操縦装置である。地上に停止している「零戦」の補助翼、昇降舵、方向舵は、つまんで動かすとなんの抵抗もなく動く（ただし、操縦桿とフットバーはそのつどバタン、バタンと激しく動くので、絶対にやってはいけない）。

実にシンプルな操縦装置だが、いったん飛行すると、速度に応じた空気流が機体を包むために操縦桿やフットバーの操作にはそれに応じた手応えが生じる。その感覚が、デリケートな操縦には欠かせないのである。

しかし、「零戦」は、快適な操縦感覚プラス驚異的な運動性を発揮するのは320km/h付近までであって、370km/h以上になると高速の空気流が各舵の動きを押さえ込むようになるために、たとえば、横転に必要な補助翼の操作にはかなりの腕力を必要とした。

機体は、高速域では低速域や中速域とは異なり舵の１度、２度の動きでも鋭敏に反応するが、操縦桿やフットバーを動かすために力を入れ過ぎると、想定以上のオーバーコントロールを招くことになる。

ところが、「零戦」の昇降舵操縦系統では、この問題を特別な装置をいっさい用いることなく解決してしまった。簡単にいえば、操縦桿を動かす際に余分な力が加わっても、操縦索の伸びと操縦索の方向を変える滑車の部分のゆがみによって吸収するために、昇降舵はちょうどよい舵角となるのである。

混合比自動調整装置（A.M.C）

A.M.Cとは、オートマチック・ミクスチャー・コントロールの頭文字であり、高度に応じて、運転状態に合わせてエンジンに送る燃料と空気の混合比を最適な状態に自動的に調節する。「巡航６時間」という長時間の滞空能力を求められた「零戦」のために新たに導入された装置だが、従来のマニュアル設定の混合比調整装置であるA.Cも装備されていた。

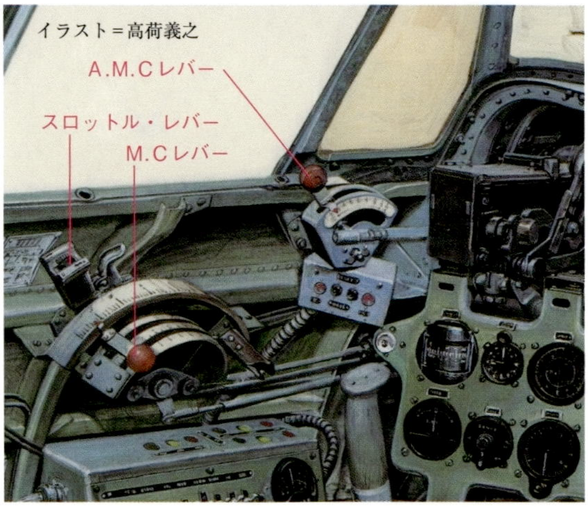

光像式射爆照準器の採用

「十二試艦戦」は、風洞模型でも分かるように望遠鏡式照準器の装備が予定されていた。しかし、「九六式艦戦」の補完機として輸入したハインケル「He-112」戦闘機が装備していた光像式射爆照準器は、レンズ口径50㎜、F1.2と明るく、照明電球60W、防眩（ぼうげん）フィルターとしてネオファン・グラスを使用した高性能の照準器だった。直ちに「十二試艦

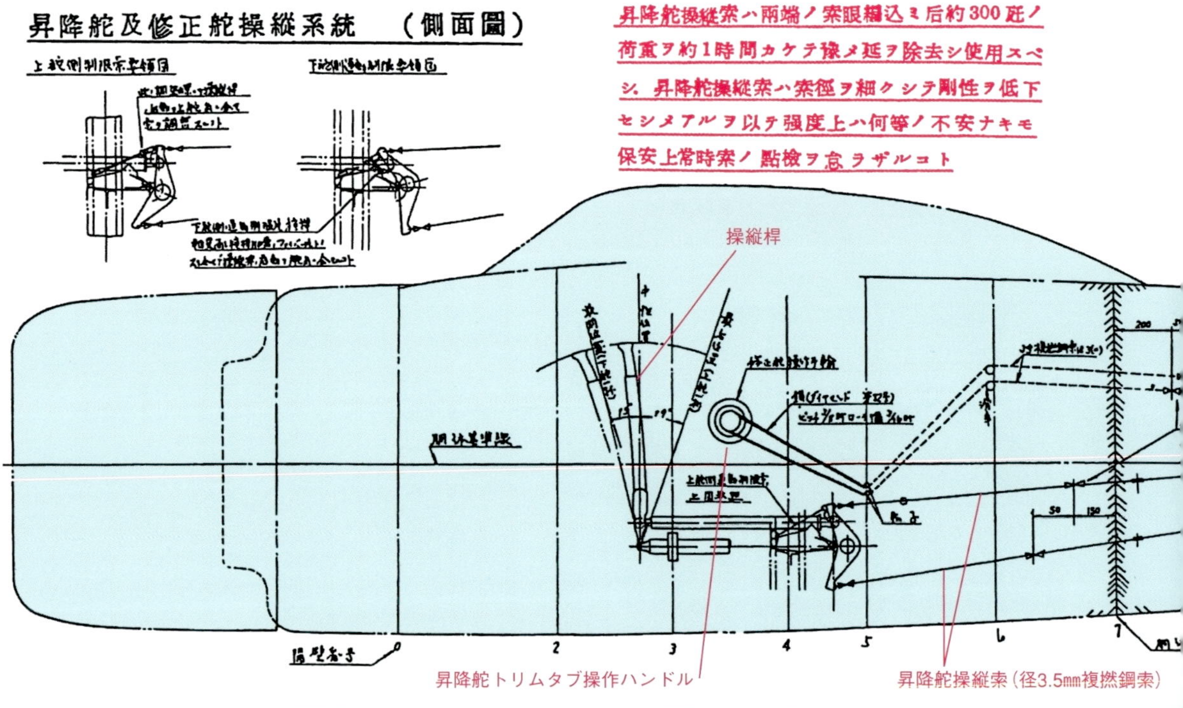

戦」用として富岡光学で国産化が図られたが、最初の「零戦」32機分は国産品が間に合わなかったため、「He-112」から外したオリジナル照準器を、取り付け支基と光像目盛りに改造を施して装備したという。

スマートな落下増設タンクの採用

落下増槽を世界で最初に装備したのは、おそらくは「九六式艦戦」と考えられるが、後継機の「零戦」には、容量が拡大され、空力的にも形状が洗練されたものが採用された。

可変ピッチ式定速プロペラの採用

「零戦」には、住友ハミルトン式の定速プロペラが採用された。このプロペラは、調速機によって20度の範囲でピッチが可変するもので、離陸、上昇、水平飛行、急降下といった飛行状態の変化に応じて、エンジンの能力を最大限に発揮させる機能を有していた。このプロペラも、「零戦」に求められた高度の要求実現に大きく寄与している。

九八式射爆照準器

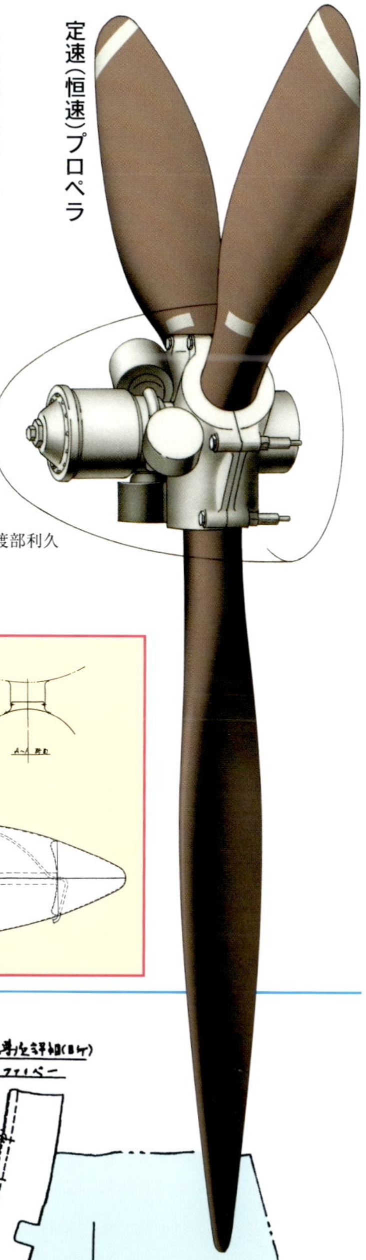

定速(恒速)プロペラ

イラスト＝渡部利久

落下増設タンク

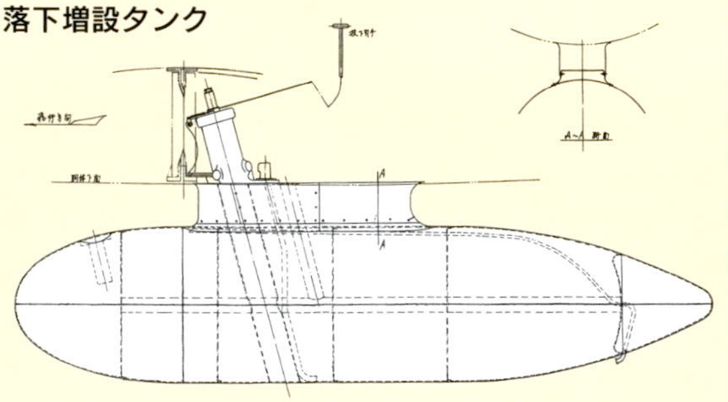

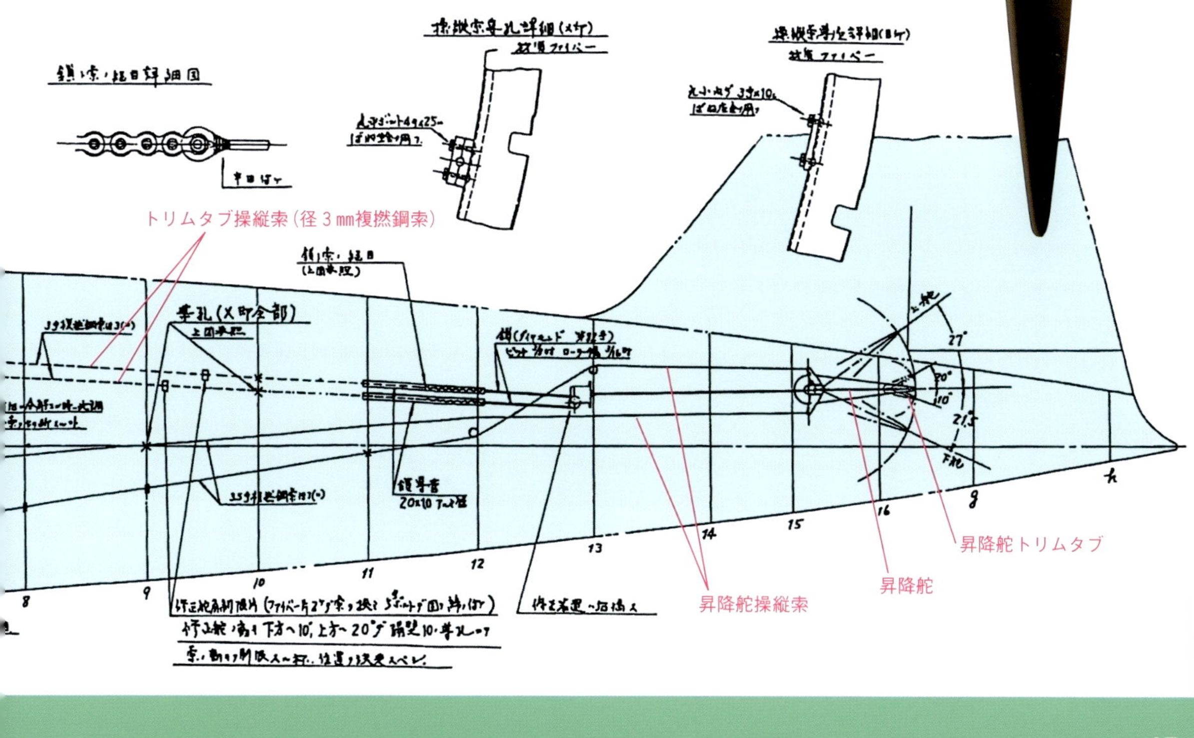

零戦三二型：A6M3 (旧型式呼称：零式二号艦上戦闘機)

2速過給器付きの「栄」二一型に換装して馬力アップ、翼幅を短縮してロール性能も向上。

翼端折り畳み部を切断した二一型で、三二型の先行実験機としてテストされた機体。補助翼面積の縮小によって横転（ロール）性能が向上した反面、翼幅短縮による速度の向上はわずか3km/h程度に過ぎなかった。

イラスト＝保坂宗雄

「零戦」三二型は、過給機が１速1100馬力／2850m、２速980馬力／6000mという、高度性能がアップした「栄」二一型に換装したタイプで、エンジンの換装にあたっては、胴体の０番隔壁を撤去して180㎜後ろの１番隔壁にエンジン・マウントが装着された。

翼幅は生産簡易化の観点から、翼端折り畳み部を廃止して翼幅が１m短縮されたが、この結果、補助翼の操舵力が軽減され応答性が良好になった。また、当初から携行弾数の過少が問題とされた20㎜機銃は、100発入りドラム弾倉を装備する九九式20㎜一号二型改一に換装された。

しかし、三二型が第一線に配備される時期に、長距離進攻を余儀なくされるガ島攻防戦が生起したことから、本型の航続力不足が大問題となった。これは、両翼端側に「翼内増槽」と称する40ℓ入りタンクを増設して解決したが、これを装備した機体は、主翼を二一型と同様のものとした二二型として生産された。

三二型には改悪との声もあったが、全般的な評価はけっして悪くなかった。二二型の次に登場した五二型が三二型の再来型といえることが、その証明といえる。

零式一号艦戦一型100発弾倉実験機

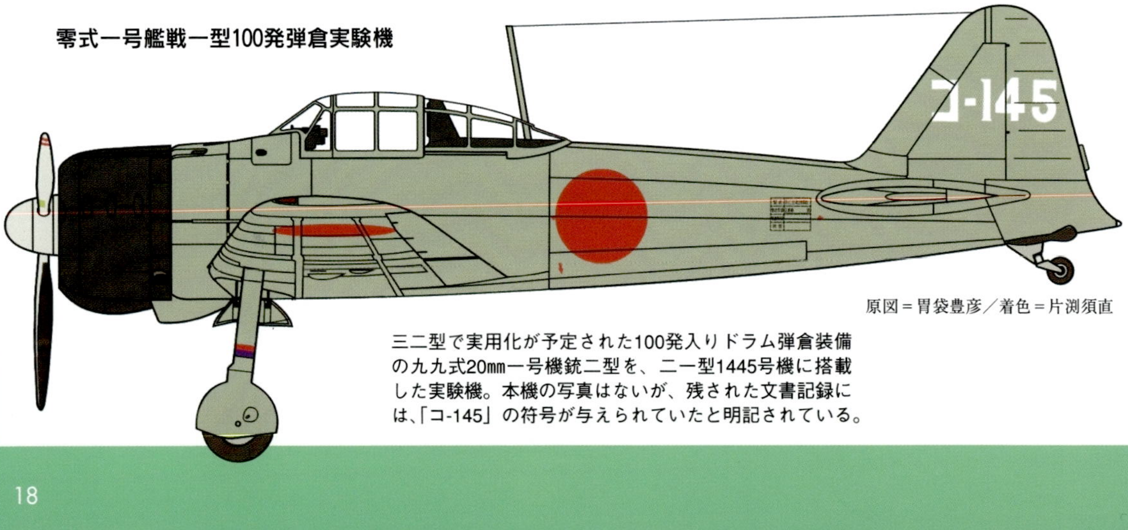

原図＝胃袋豊彦／着色＝片渕須直

三二型で実用化が予定された100発入りドラム弾倉装備の九九式20㎜一号機銃二型を、二一型1445号機に搭載した実験機。本機の写真はないが、残された文書記録には、「コ-145」の符号が与えられていたと明記されている。

イラスト＝保坂宗雄

三二型は、二一型より旋回性能などは若干低下していたが、高々度性能の向上や兵装の強化は戦局に適した改善だった。

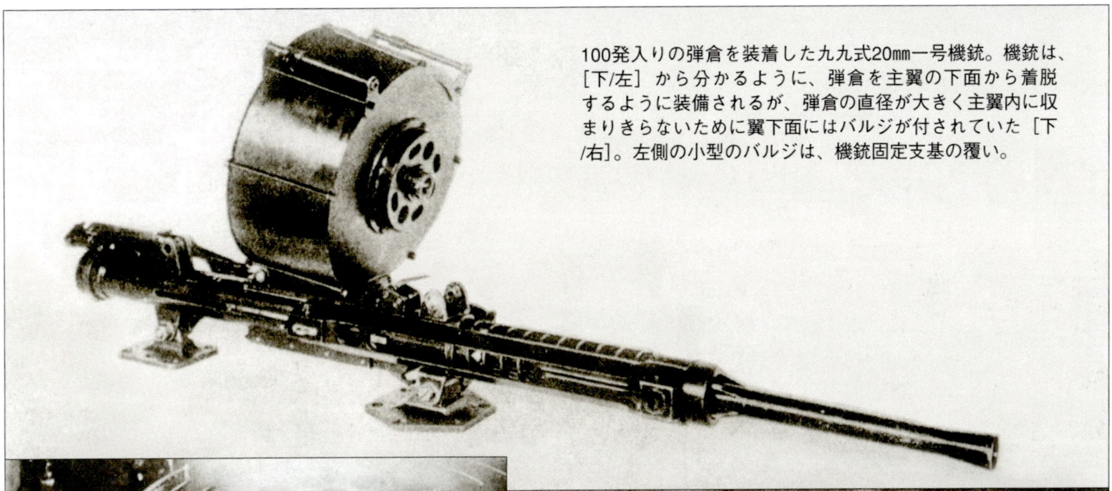

100発入りの弾倉を装着した九九式20㎜一号機銃。機銃は、［下/左］から分かるように、弾倉を主翼の下面から着脱するように装備されるが、弾倉の直径が大きく主翼内に収まりきらないために翼下面にはバルジが付されていた［下/右］。左側の小型のバルジは、機銃固定支基の覆い。

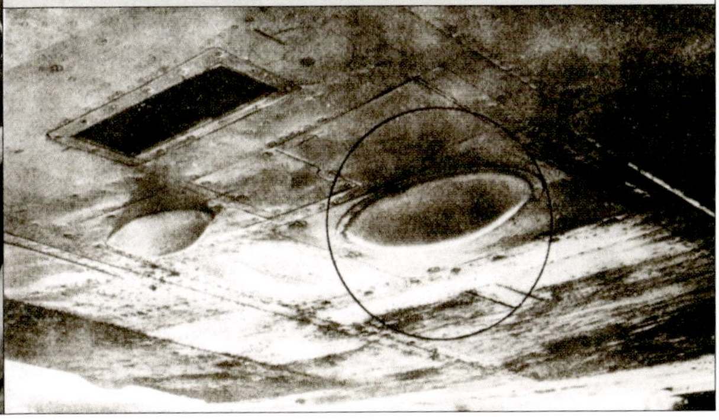

零戦三二型：Ａ６Ｍ３主要目

全　幅	11.00m	投下式増槽	320ℓ
全　長	9.06m	最大速度	約544km/h
自　重	1807kg	急降下制限速度	667km/h
正規全備重量	2535kg	航続力全力	全力30分＋2134km
翼面積	21.538㎡	巡航航続力	3000km（推算値）
翼面荷重	118kg	上昇時間	6000mまで７分５秒
発動機	栄二一型空冷星形14気筒	翼内機銃	九九式20㎜一号銃二型改×２
排気量	27.9ℓ	携行弾数	各100発
離昇馬力	1130馬力	胴体機銃	九七式7.7㎜機銃×２
公称馬力／高度	980馬力／6000m	携行弾数	各700発
プロペラ直径／翅数	3.05m／３翅	爆　弾	60kg×２
燃料消費量	83.3ℓ/h（333km/h巡航）	備　考	燃料消費量は二一型より毎時1.3ℓ増加したが、燃料搭載量は45ℓ減少した。
燃料搭載量	480ℓ		

零戦二二型：A6M3 (旧型式呼称：零式二号艦上戦闘機)

航続距離延伸のために主翼を二一型に戻して翼内増槽を追加、甲型では武装も強化された。

イラスト＝保坂宗雄

昭和17年8月7日にガダルカナル島攻防戦が始まったことで、ラバウル基地の「零戦」隊は、片道900km以上の長距離出撃を強いられることになる。

新型機として配備された「零戦」三二型は、馬力アップによって速度性能と高々度性能は二一型より向上していたが、燃費が若干悪化しており、そのうえ燃料の搭載量が二一型をやや下回っていたことから、航続力不足でこの出撃に参加することができずに大問題となった。その対策として急きょ生産されたのが、「翼内増槽」を新設し、主翼幅を12mに戻して翼端折り畳み機構も復活させた二二型だった。

二二型で最も歓迎されたのは、甲型から搭載された長銃身の九九式20㎜二号機銃三型であった。その理由は、使用する弾薬包が装薬量を増量したタイプとなっていて、高初速で弾道直進性が一号銃に比べてはるかに良好になったためだった。

しかし、最前線の部隊は、「零戦」がすでに米軍機と戦うには力不足であることを強く認識しており、まだ見ぬ新型戦闘機である「雷電」の早急な部隊配備を待ち望む声が大きくなりつつあったのである。

茨城県の筑波航空隊所属の二二型。この機体は、主翼前縁から20㎜機銃の銃身が出ていないことから、一号機銃二型改を搭載した初期型であることが分かる。

40ℓ入り外翼内燃料タンク

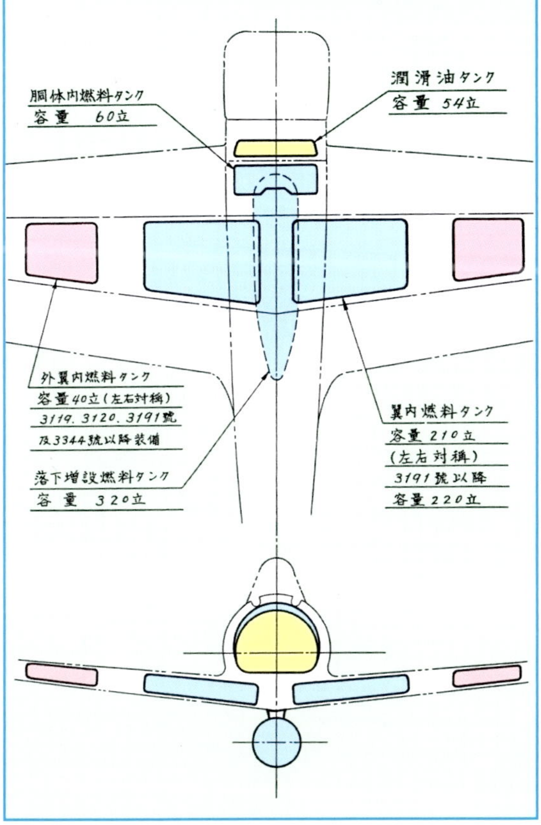

「零戦」の取扱説明書に掲載された二二型の燃料タンクの配置図。「翼内増槽」といわれた外翼内タンクは、3119、3120、3191号機と3344号機以降に装備と記されている。

零戦二二型：A6M3主要目

全幅	12.00m
全長	9.06m
自重	1863kg
正規全備重量	2679kg
翼面積	22.438㎡
翼面荷重	119kg
発動機	栄二一型空冷星形14気筒
排気量	27.9ℓ
離昇馬力	1130馬力
公称馬力／高度	980馬力／6000m
プロペラ直径／翅数	3.05m／3翅
燃料消費量	83.3ℓ/h（333km/h巡航）
燃料搭載量	570ℓ
増槽	320ℓ
最大速度	約541km/h（改修後）
急降下制限速度	629km/h
航続力	全力30分＋2560km
巡航航続力	3360km（推算値）
上昇時間	6000mまで7分19秒
翼内機銃	九九式20㎜一号銃二型改×2
	二二甲型：九九式20㎜二号銃三型×2
携行弾数	各100発
胴体機銃	九七式7.7㎜機銃×2
携行弾数	各700発
爆弾	60kg×2

備考：二一型の主翼に戻し外翼内に各40ℓ入りタンクを新設。

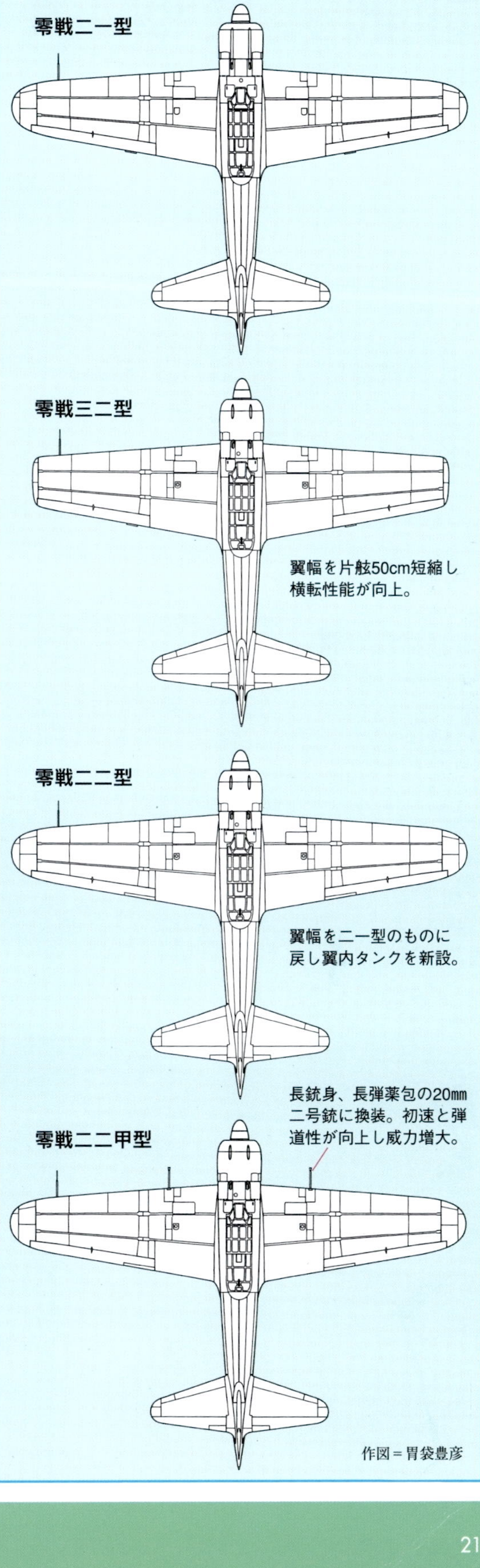

作図＝胃袋豊彦

零戦五二型：A6M5

再度翼幅を短縮した五二型、ベルト給弾式20㎜機銃の甲型、胴体右舷機銃が13㎜の乙型。

零戦五二型の原型機

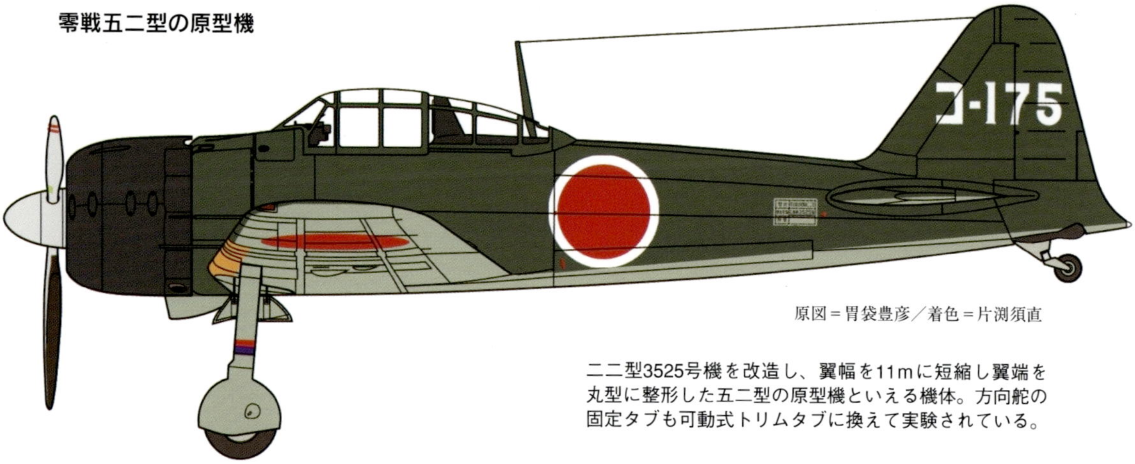

原図＝胃袋豊彦／着色＝片渕須直

二二型3525号機を改造し、翼幅を11mに短縮し翼端を丸型に整形した五二型の原型機といえる機体。方向舵の固定タブも可動式トリムタブに換えて実験されている。

「零戦」五二型は、二二型に長銃身のベルト給弾方式に改造された九九式20㎜二号機銃四型を装備する兵装強化型だったが、二号四型の供給が間に合わず、二二型の主翼を三二型と同様の11mに短縮し、翼端形状を丸く整形しただけの改良で生産に入ることになる。

また、五二型は、三二型の航続力問題の応急対策であった二二型のさらなる完成形として位置づけられていて、製造番号は三二型からの連番となっている。五二型の各バリエーションも、三菱社内や海軍ではＡ６Ｍ３三二型の一連の型式として認識されていた。

五二型の特徴としては、兵装が一段と強化されていることに加えて、推力式単排気管による速力アップ、急降下速度の増大、翼内燃料タンクに対する自動消火装置の装備などがあげられる。

兵装の強化策の第一弾が、九九式三型改という空技廠式の試製給弾装置付きの20㎜機銃の搭載だった。これの本格的な生産型が、昭和19年11月に制式となった五二甲型である。

そして、さらなる兵装強化策が、右舷の胴体機銃を三式13㎜機銃に換装して登場した五二乙型だった。

カウルフラップの後端から突き出した単排気管と主翼前縁の長銃身の20㎜機銃の組み合わせが特徴の五二型の発進シーン。

三菱重工が復元し、小牧南工場資料室に展示されている五二甲型。同時に復元されたもう1機が、靖国神社の遊就館にある。

零戦五二型：A6M5主要目

全幅	11.00m
全長	9.05m
自重	1876kg
正規全備重量	2733kg
翼面積	21.338㎡
翼面荷重	128kg
発動機	栄二一型（三菱・中島製の機体） 栄三一乙型（三菱製の一部の機体） 栄三一甲型（中島製の機体） 空冷星形14気筒
排気量	27.9ℓ
離昇馬力	1130馬力
公称馬力／高度	980馬力／6000m
プロペラ直径／翅数	3.05m／3翅
燃料消費量	83.3ℓ/h（333km/h巡航）
燃料搭載量	570ℓ
増槽	320ℓ
最大速度	約565km/h（改修後）
急降下制限速度	667km/h
航続力	全力30分＋2560km
巡航航続力	3360km（推算値）
上昇時間	6000mまで7分1秒
翼内機銃	九九式20㎜二号銃三型×2 五二甲型：九九式20㎜二号銃四型×2
携行弾数	各100発（三型） 125発（四型）
胴体機銃	九七式7.7㎜機銃×2 五二乙型：九七式7.7㎜機銃×1 三式13㎜機銃×1
携行弾数	各700発（7.7㎜機銃） 五二乙型：230発（13ミリ機銃）
爆弾	60kg×2 五二乙型：250kg×1

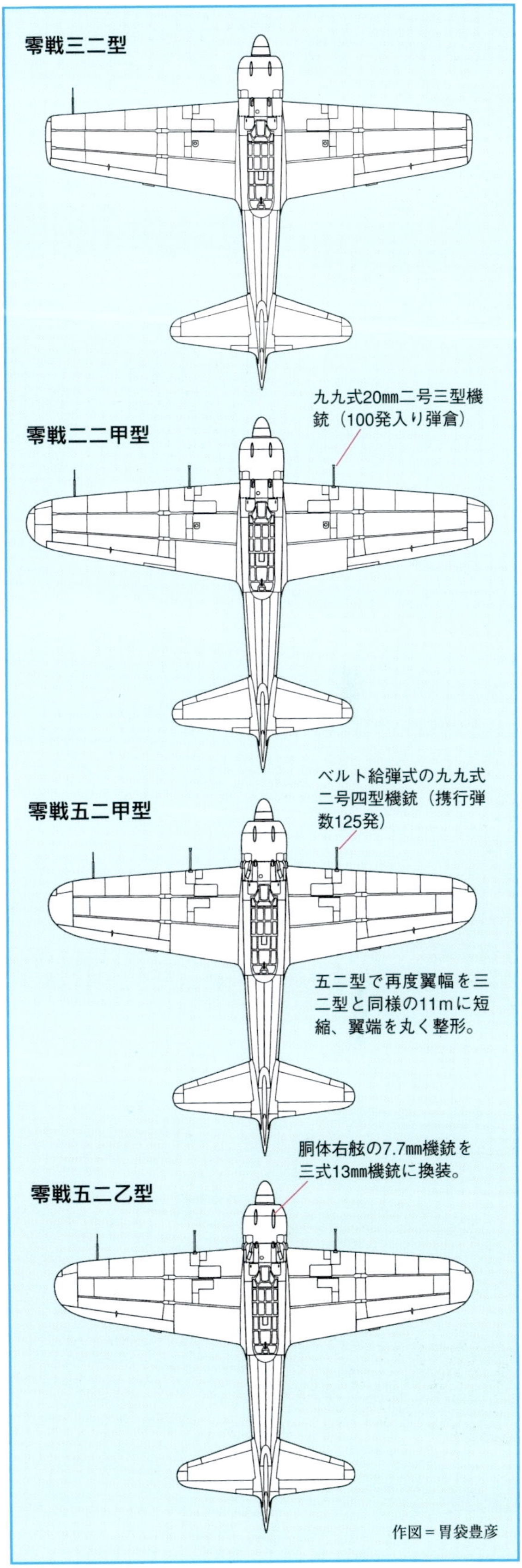

作図＝胃袋豊彦

零戦五二丙型：A6M5c

五三丙型（A6M6）は水メタノール噴射の「栄」三一型の開発中止で計画が宙に浮き、同一の兵装・防御で水メタ噴射なしの「栄」搭載の五二丙型（A6M5c）が代替生産された。

イラスト＝原田敬至

13㎜機銃を増備し水メタノール噴射装置付きの「栄」三一型を搭載する機体が五三型と呼ばれたが、結局、変更は兵装のみとなって五二丙型として量産された。

「零戦」は、五二型を最後に生産終了が予定されていたが、代わりに量産に入るはずだった「雷電」の不調から生産続行が決定された。そして、生産を続行するからには、敵の新型戦闘機、なかでもグラマン「F6F」に対抗できるように、性能向上と兵装・防御の強化が必要と考えられた。

改善策は、「F6F」に対抗できる火力を実現する両翼内への13㎜機銃の増設、開発中の内袋式の防漏燃料タンクの採用、操縦者を保護する防弾鋼鈑と防弾ガラスの装備などであった。重量増加による性能低下を防ぐために、水メタノール噴射によって1200～1300馬力のパワーアップを実現する「栄」三一型の搭載が予定されており、これが「零戦」五三丙型と呼ばれるタイプだった。

しかし、昭和19年8月に「栄」の減速歯車の破損問題が生じたことから、空技廠発動機部で進行中であった「栄」の水メタノール噴射装置の実験は中止のやむなきに至る。このことで、「零戦」の改良計画は肝心の馬力増大エンジンなしで進められることになるが、これが五二丙型という機体であった。

昭和20年4月5日、朝鮮半島の元山基地から南九州に向けて出撃準備中の元山航空隊の中島製「零戦」五二丙型の列線。これらの五二丙型の任務は、「零戦」二一型と「零練戦」一一型で編成された特攻隊・七生隊の掩護（えんご）だった。

翼内の三式13mm機銃装備図

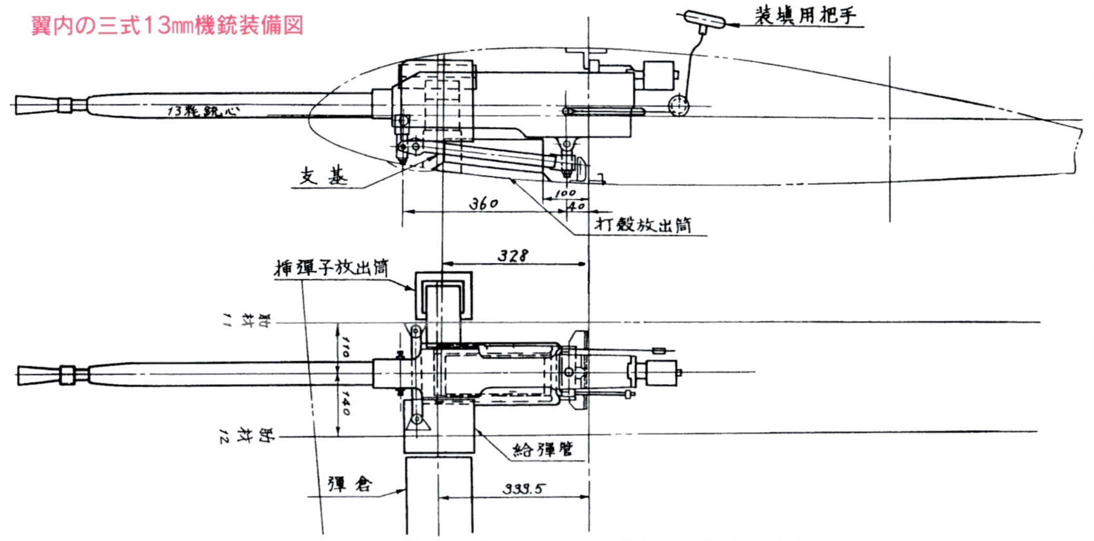

零戦五二丙型

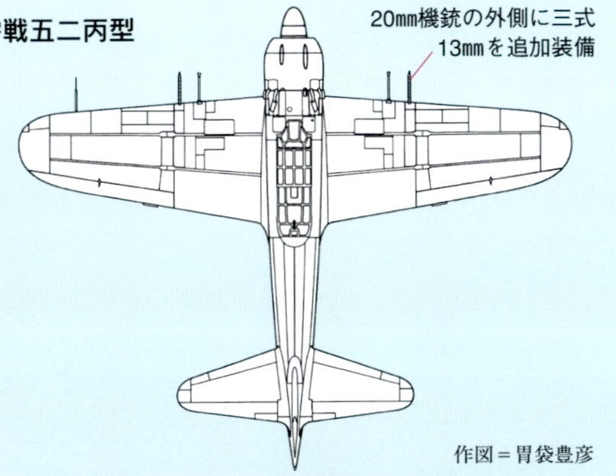

作図＝胃袋豊彦

両翼内の20mm機銃の外翼側に増備された三式13mm（実口径は13.2mm）の240発入り弾倉と、クリップでつながれた弾薬包。

零戦五二丙型：A6M5c主要目

全　幅	11.00m
全　長	9.05m
自　重	1970kg
正規全備重量	2955kg
翼面積	21.338㎡
翼面荷重	138kg
発動機	栄二一型（三菱・中島製の機体） 栄三一乙型（三菱製の一部の機体） 栄三一甲型（中島製の機体） 空冷星形14気筒
排気量	27.9ℓ
離昇馬力	1130馬力
公称馬力／高度	980馬力／6000m
プロペラ直径／翅数	3.05m／3翅
燃料消費量	83.3ℓ/h（333km/h巡航）
燃料搭載量	570ℓ
増　槽	300ℓ
最大速度	約540km/h（改修後）
急降下制限速度	667km/h
航続力	全力30分＋2560km
巡航航続力	3360km（推算値）
上昇時間	5000mまで5分40秒
翼内機銃	九九式20ミリ二号銃四型×2 三式13ミリ機銃×2
携行弾数	各125発（20mm） 各240発（13mm）
胴体機銃	三式13mm機銃×1
携行弾数	230発（13mm機銃）
爆　弾	250kg×1懸吊可能 六番二七号ロケット搭載可能

搭乗員の背後の防弾ガラスと防弾鋼鈑

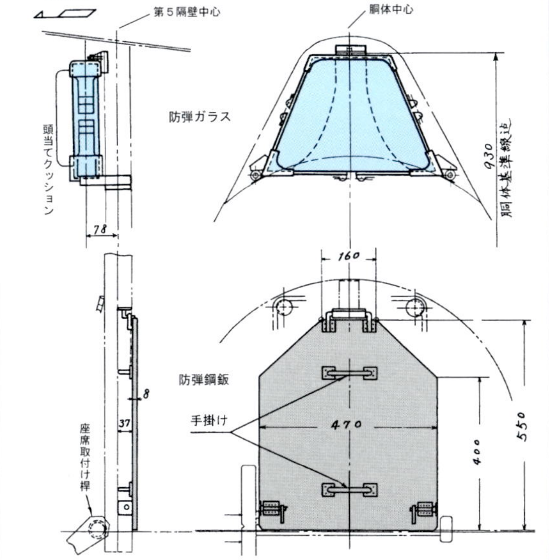

取扱説明書に掲載されている、五二丙型の操縦席背後に装備された防弾ガラスと防弾鋼鈑の装備図。

「零戦」搭載の各機銃性能比較

九七式7.7㎜、三式13㎜(実口径13.2㎜)、九九式一号・二号機銃の主要目と弾道低下量。

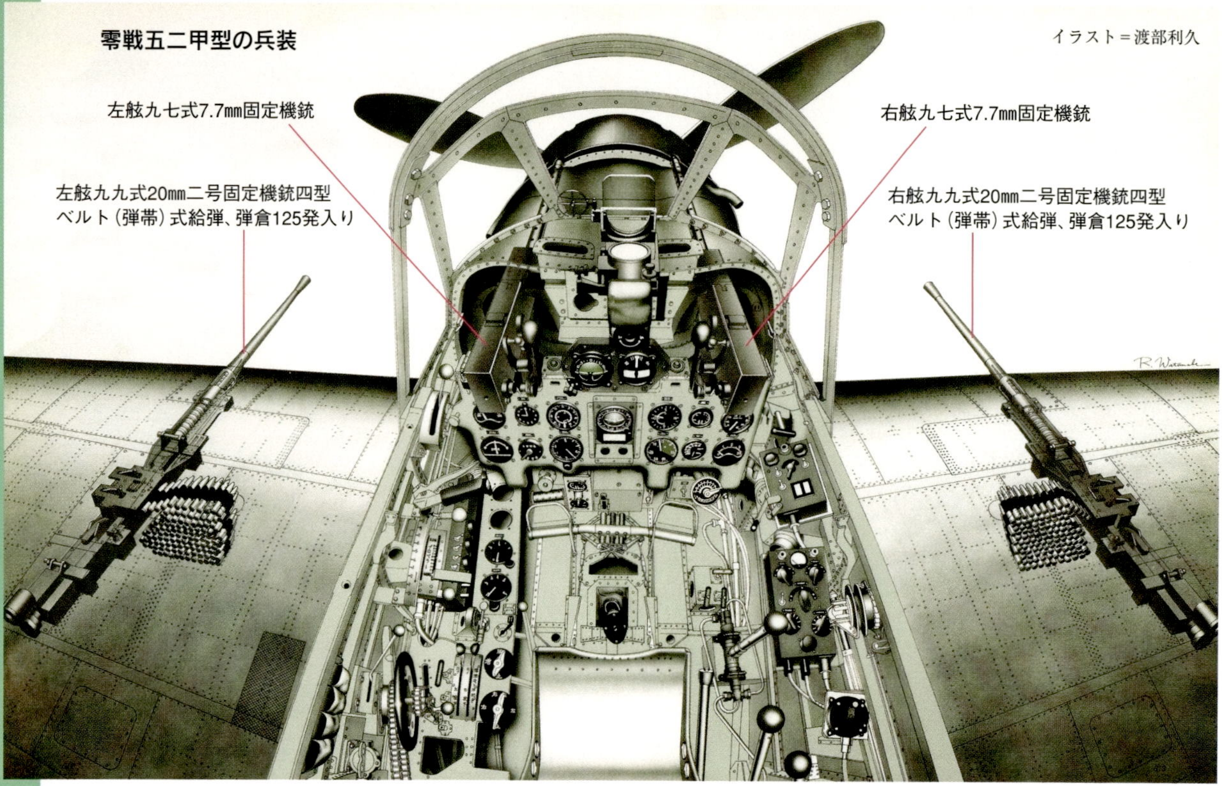

ベルト式給弾式九九式20㎜二号固定機銃四型

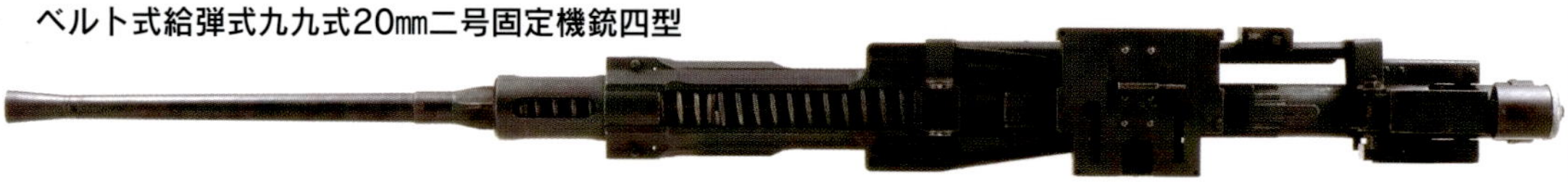

各種固定機銃要目表

2式30㎜機銃は、昭和18年7月に「零戦」5機が装備してラバウルで実用試験を行なった。

要目 / 名称	口径 (㎜)	初速 (m/秒)	発射速度 (発/分)	機銃重量 (kg)	機銃全長 (㎜)	銃身長 (㎜)	弾薬包重量 (kg)	弾丸重量 (kg)	給弾方法	弾倉・装弾子・重量(kg)	摘要
97式7.7ミリ固定機銃3型改1	7.7	745	950	11.5	1,054	727	25.5	11.2	弾帯	100個分 0.8	同調装置トスルトキハ発射速度ハ650〜750トナル
3式13ミリ固定機銃	13.2	780	800	28	1,500	900	120	52	弾帯	100個分 1.2	同調装置トスルトキハ発射速度ハ600〜700トナル
99式20ミリ1号固定機銃4型	20	600	550	28	1,360	812	192	123	弾帯	100個分 2.0	
99式20ミリ2号固定機銃4型	20	750	500	37	1,861	1,198	210	123	弾帯	100個分 2.0	増速装置付、発射速度630発/分、根本対策ニヨリ700発/分トナシ得ラル
99式20ミリ2号固定機銃1型	20	750	480	34.7	1,861	1,198	210	123	弾帯	100発入 18.3	
2式30ミリ固定機銃	30	710	410	50.9	2,086	1,350	460	265	弾倉	100発入 18.6	
17試30ミリ固定機銃	30	750	500	70	2,090	1,442	660	350	弾帯	100個分 18.0	
18試20ミリ固定機銃	20	900	640	42	1,943	1,400	270	123	弾帯	100個分 8.0	発射速度ノ対策ニヨリ概ネ700発/分マデ上げ得ラル

出典＝「エアワールド」1994年3月号別冊『第二次大戦日本海軍機写真集』

各種固定機銃の弾道低下量と弾丸飛行秒時（射距離・低下量・初速＝単位m）

射距離(m) / 低下量(m)および弾丸飛行秒時(秒) / 銃別	100		200		300		400		500		600		700		800		900		1,000		機銃固有初速（高度零）
	低下量	秒時	低下量	秒時	低下量	秒時	低下量	秒時	低下量	秒時	低下量	秒時	低下量	秒時	低下量	秒時	低下量	秒時	低下量	秒時	
3式13ミリ固定機銃	0.05	0.107	0.23	0.217	0.52	0.330	0.94	0.445	1.49	0.563	2.19	0.685	3.03	0.810	4.04	0.938	5.20	1.070	6.52	1.204	790
99式20ミリ2号固定機銃	0.06	0.125	0.26	0.243	0.59	0.361	1.07	0.494	1.74	0.629	2.58	0.770	3.62	0.917	4.90	1.072	6.42	1.235	8.21	1.400	750
99式20ミリ1号固定機銃	0.09	0.135	0.37	0.277	0.85	0.426	1.56	0.582	2.53	0.747	3.78	0.919	5.32	1.101	7.21	1.292	9.48	1.494	12.16	1.706	600
97式7.7ミリ固定機銃	0.06	0.140	0.26	0.235	0.61	0.364	1.14	0.500	1.85	0.645	2.79	0.800	3.98	0.965	5.45	1.142	7.25	1.331	9.53	1.534	745

出典＝「エアワールド」1994年3月号別冊『第二次大戦日本海軍機写真集』

４種類の機銃のうち、相対的に弾道性がよいのは13mm機銃であることが分かる。初速が最も遅く弾丸の大きさに比して装薬量が少ない20mm一号機銃の弾道低下量が大きいのは致し方ない。

イラスト＝渡部利久

零戦六二型：A6M7

戦争末期制定の爆撃兵装標準化に従ったメーカー純製の本格的な戦闘爆撃機型の誕生。

イラスト＝原田敬至

胴体下に500kg爆弾を懸吊し、主翼両翼下には新型の「統一型増槽二型」を懸吊して飛行中の「零戦」六二型。

六二型にも、五三型と五二丙型の関係によく似た事情があった。本来であれは、水メタノール噴射装置付きの「栄」三一型を搭載する戦闘爆撃機の六三型として計画され生産されるはずだったが、「栄」の減速装置破損問題の影響を受けて予定は御破算となり、水メタノール噴射を省略した「栄」搭載機として六二型に型式が変更されたのである。

六二型の特徴としては、爆撃兵装の標準化、統一型増槽の両翼下への標準装備、胴体構造の強化による急降下制限速度の緩和、などがあげられる。さらに、六二型では、生産途上で機銃兵装の簡易化が実施されている。五二乙型以来の胴体右舷の13㎜機銃が、プロペラ同調装置を必要とする点や発射管制装置が複雑化するデメリットを抱えていたために廃止されたのである。

中島製の六二型。爆撃兵装の標準化、統一型増槽の翼下標準装備、急降下性能の向上が特徴で、生産途中から胴体銃は廃止された。

六二型の新型翼下増槽懸吊図

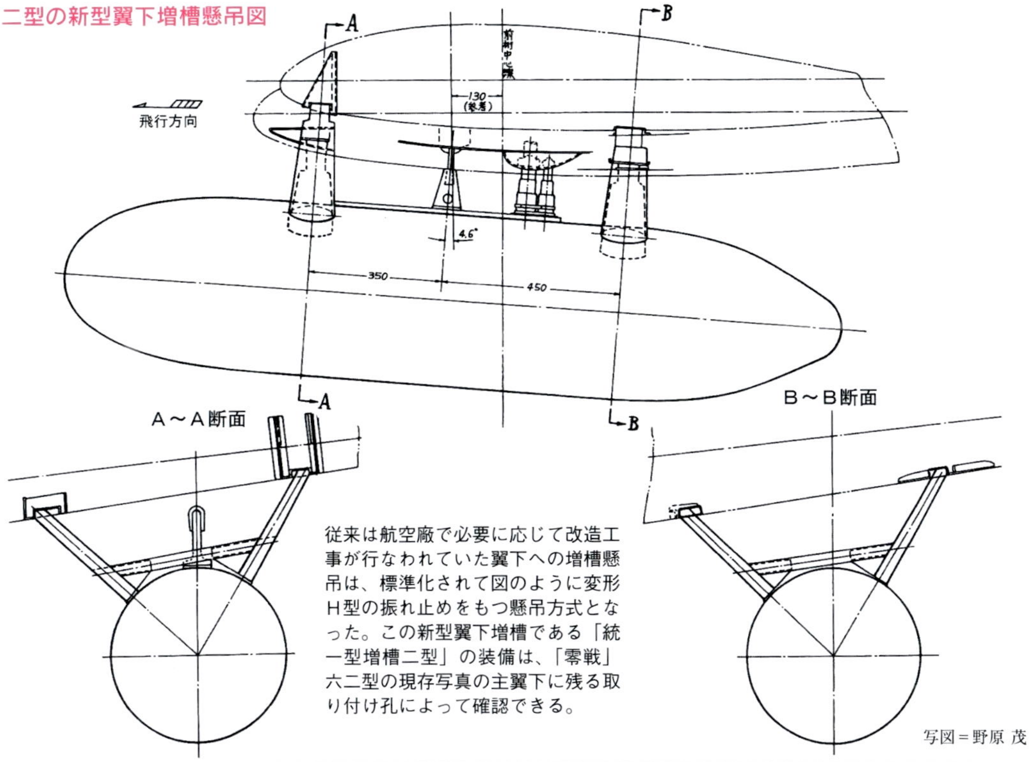

従来は航空廠で必要に応じて改造工事が行なわれていた翼下への増槽懸吊は、標準化されて図のように変形H型の振れ止めをもつ懸吊方式となった。この新型翼下増槽である「統一型増槽二型」の装備は、「零戦」六二型の現存写真の主翼下に残る取り付け孔によって確認できる。

写図＝野原 茂

六二型の胴体右舷の13㎜機銃

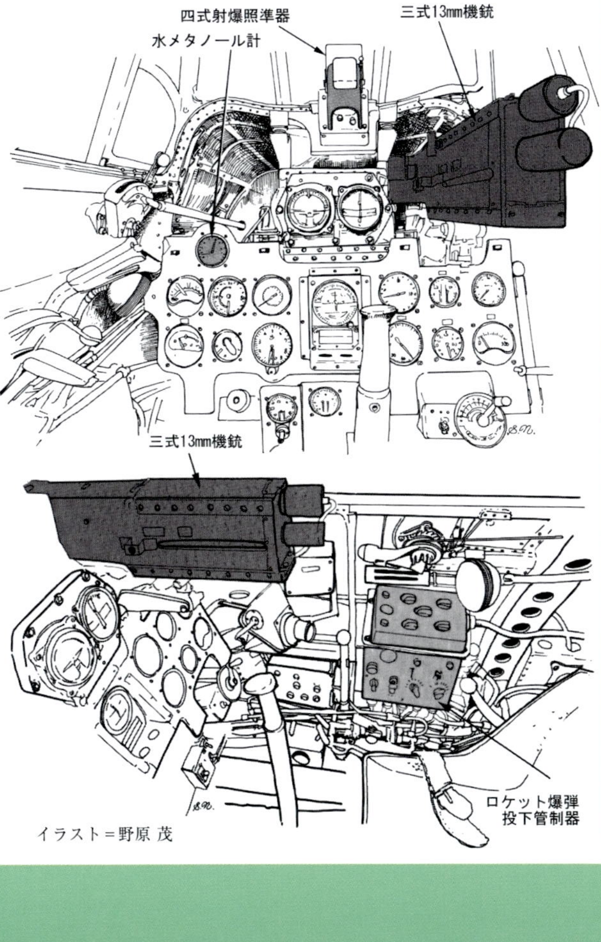

イラスト＝野原 茂

零戦六二型：A6M7主要目

全幅	11.00m
全長	9.05m
自重	2155kg
正規全備重量	3150kg
翼面積	21.338㎡
翼面荷重	148kg
発動機	栄三一甲型（三菱・中島製とも） 空冷星形14気筒
排気量	27.9ℓ
離昇馬力	1130馬力
公称馬力／高度	980馬力／6000m
プロペラ直径／翅数	3.05m／３翅
燃料消費量	83.3ℓ／h（333km/h巡航）
燃料搭載量	500ℓ（防弾タンク非装備機570?）
増槽	300ℓ （末期は統一型増槽二型200ℓ×２）
最大速度	約543km/h
急降下制限速度	尾翼などの強化により740km/h以上に増大した可能性あり
航続力	全力30分＋2190km
巡航航続力	3020km（推算値）
上昇時間	７分58秒／6000m
翼内機銃	九九式20㎜二号銃四型×2 三式13㎜機銃×2
携行弾数	各銃125発（20㎜） 240発（13㎜）
胴体機銃	九七式7.7㎜機銃×1 三式13㎜機銃×1 （末期は胴体機銃なし）
携行弾数	各700発（7.7㎜機銃） 230発（13㎜機銃）
爆弾	500kg×1懸吊可能 六番二七号ロケット搭載可能

零戦五四型：A6M8

早期から公式、非公式に望まれた「金星」エンジンをようやく搭載した「零戦」最終型。

イラスト＝原田敬至

Ａ６Ｍ１から続く「零戦」の各型式の最後に位置するのが、Ａ６Ｍ８「零戦」五四型である。

「零戦」を改良するにあたって、「金星」エンジンへの換装計画が何度も浮上したが、航続力が２割減となることや、開発中の「雷電」ほどの性能が望めないなど、その時々の事情で日の目を見ることはなかった。

それが実現の方向に動き出したのは、昭和19年の後半になって「栄」の供給不足が深刻さを増し、10月の時点で首なしの「零戦」が200機以上にも達したことによる。しかし、やっと「金星」への換装が本決まりになった矢先の12月13日、「金星」の生産工場だった三菱重工名古屋発動機製作所（大幸工場）が「Ｂ-29」の空襲によって壊滅し、「金星」の供給も困難な状況となってしまう。

結局、「金星」エンジンを搭載した「零戦」は、試作機が２機造られたのみで終戦を迎えることとなった。本型の量産機は「零戦」六四型と呼称される予定だったとされ、その主用途は特攻用だったといわれる。

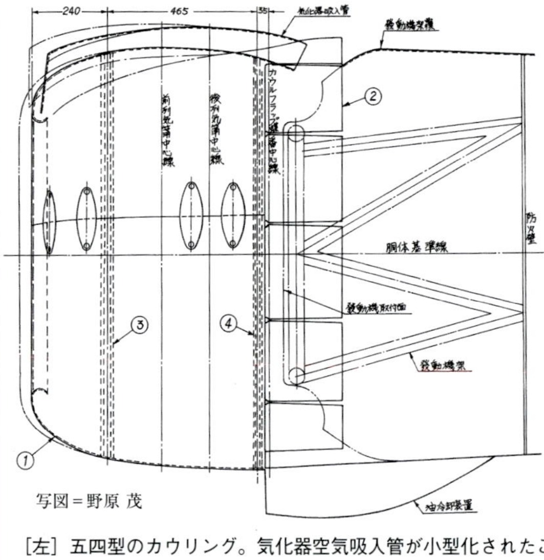

写図＝野原 茂

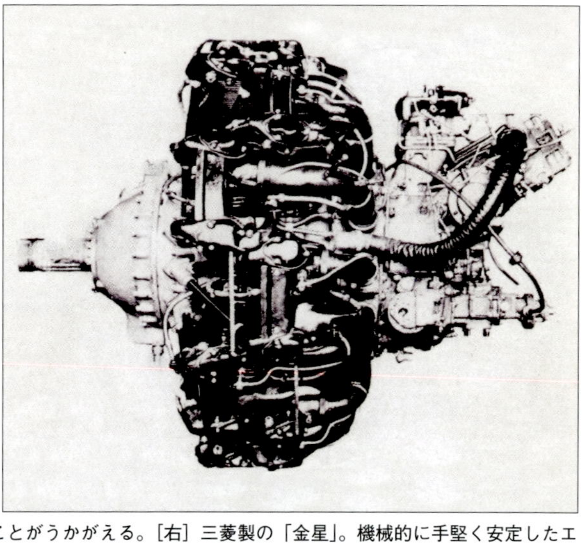

［左］五四型のカウリング。気化器空気吸入管が小型化されたことがうかがえる。［右］三菱製の「金星」。機械的に手堅く安定したエンジンで、六〇型シリーズから１気筒あたり107馬力強を達成し1500馬力となった。これは18気筒に換算すると1926馬力となる。

昭和20年10月、青森県三沢基地において米軍関係者により試運転中の五四型試作機。戦後の武装解除後の時期で、兵装類は撤去されているようだ。1500馬力の「金星」エンジンは、重量が増大した「零戦」を572km/hまで引っ張って各型中で最速をマークした。

零戦五四型平面図

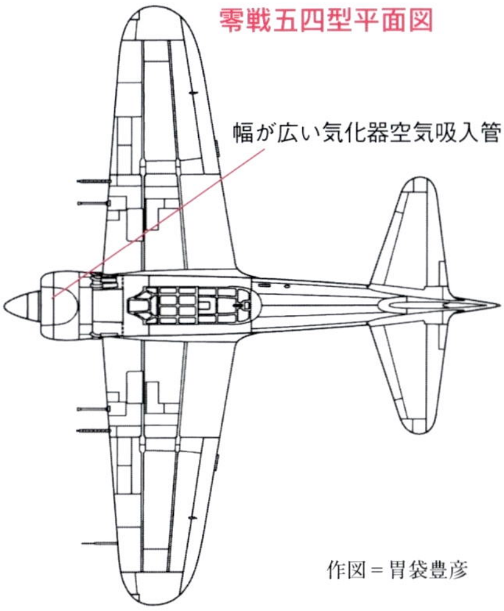

作図＝胃袋豊彦

五四型の排気管組立図

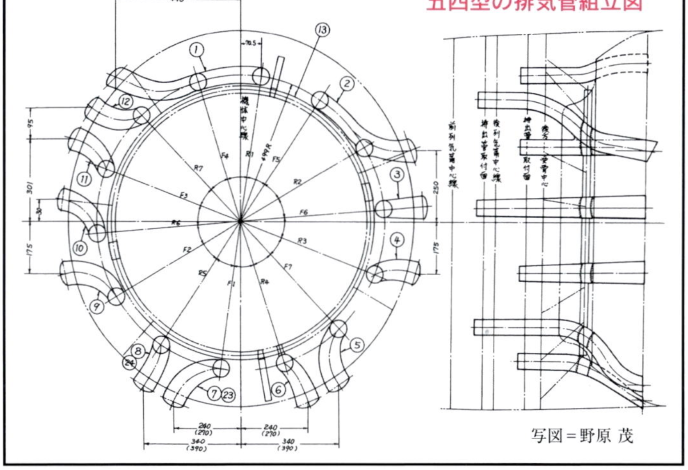

写図＝野原 茂

零戦五四型：Ａ６Ｍ８主要目

全　幅	11.00m	最大速度	約572km/h
全　長	9.237m	急降下制限速度	740km/h
自　重	2150kg	航続力	全力30分＋850km（増槽なし）
正規全備重量	3150kg	巡航航続力	2620km（推算値）
翼面積	21.338㎡	上昇時間	６分50秒／6000m
翼面荷重	138kg	翼内機銃	九九式20㎜二号銃四型×２
発動機	金星六二型		三式13㎜機銃×２
	空冷星形14気筒	携行弾数	各125発（20㎜）
離昇馬力	1500馬力		各240発（13㎜）
公称馬力／高度	1250馬力／6,000m	爆　弾	500kg×１懸吊可能
プロペラ直径／翅数	3.15m／３翅		六番二七号ロケット搭載可能
燃料搭載量	650ℓ	備　考	量産型は六四型と呼称予定
増　槽	200ℓ×２		

二式水戦：A6M2-N（零式一号水上戦闘機）

「十五試水上戦闘機」（「強風」）の完成までのつなぎ役として二一型を基に中島で改造。

「二式水戦」は、対米開戦必至という事態を前にして、「十五試水上戦闘機（のちの「強風」）」より早期に配備が可能な水上戦闘機の必要性が唱えられ、「零戦」の水上機版として完成が急がれた機体である。試作指示は同年で、こちらも「十五試水上戦闘機」だった。

「零戦」をベースにしつつ、機首下面の滑油冷却器をフロート支柱内に収め、操縦者を保護する転倒時支柱が水上機であるために撤去されるなど、細かな改造が各所に施されている。

最大の問題は、「零戦」に多用されているマグネシウム合金部品をいかに海水によるさびから守るかに代表される、機体内外の腐食対策であった。計画の段階では「零戦」の完成機を改造することも考慮されていたが、試作機に腐食問題が発生したことから、細部設計を改めた専用の機体で生産に入ることになった。

「二式水戦」が量産に入る時期には、「零戦」の生産が新型の三二型に移行する計画が進みつつあり、この三二型ベースの水上戦闘機の開発も予定されていた。

■二式水戦（A６M２-N）主要目　全幅＝12.00m　全長＝10.131m　自重＝1921kg　正規全備重量＝2460kg　翼面積＝22.438㎡　翼面荷重＝110kg　発動機＝栄一二型空冷星形14気筒　離昇馬力＝940馬力　公称馬力／高度＝950馬力／4200m　プロペラ直径・翅数＝2.90m・３翅　燃料搭載量＝518ℓ　最大速度＝約436km/h　航続距離＝1778km　上昇時間＝5000mまで６分43秒　兵装：翼内機銃＝九九式20㎜一号銃二型×２・弾数＝各60発／胴体機銃＝九七式7.7㎜銃×２・弾数＝各700発／爆弾＝60kg×２

イラスト＝渡部利久

人海戦術で収容作業中の「二式水戦」。「零戦」の優秀性を引き継いだ本機は、水上機ながら運動性が良好で、アリューシャン群島、ソロモン諸島などで飛行場建設時の防空戦闘機として、あるいは水上偵察機の掩護任務などに活躍した。

零式練戦一一型：A6M2-K

実用機教程の練習生が仕上げに乗る練習機として教官席を設けた「零戦」二一型改造機。

イラスト＝野原 茂

昭和20年４月、関東上空を飛行中の「秋水」装備部隊三一二空所属の「零式練習戦闘機一一型」。尾翼識別符号は「312-406」とある。

実用機教程では、旧式化した戦闘機を練習機に流用していたが、昭和14年の「第四次海軍軍備補充計画」以降、軍備の重点が水上戦闘艦から航空兵力に移行するに従って、専用練習機の必要性が重視され始めた。

専用練習機の先駆けとして採用されたのが、「九六式四号艦戦」を複座に改造した「二式練習用戦闘機」だったが、これは失敗作に終わった。

その後、九州・大村の第二十一航空廠で、「零戦」二一型を複座に改造した「十七試練習戦闘機」が開発され、昭和19年３月に「零式練習用戦闘機」として制式採用された。第二十一航空廠での生産は同年11月まで続けられており、また、５月からは日立航空機でも「零式練戦」の生産が開始されていて、こちらは終戦まで生産が続行されている。

■零式練習戦闘機（A6M2-K）主要目　全幅＝12.00m　全長＝10.131m　自重＝1921kg　正規全備重量＝2460kg　翼面積＝22.438㎡　翼面荷重＝110kg　発動機＝栄一二型空冷星形14気筒　離昇馬力＝940馬力　公称馬力／高度＝950馬力／4200m　プロペラ直径／翅数＝2.90m／３翅　燃料消費量＝82.0ℓ/h（333km/h巡航）　最大速度＝約436km/h

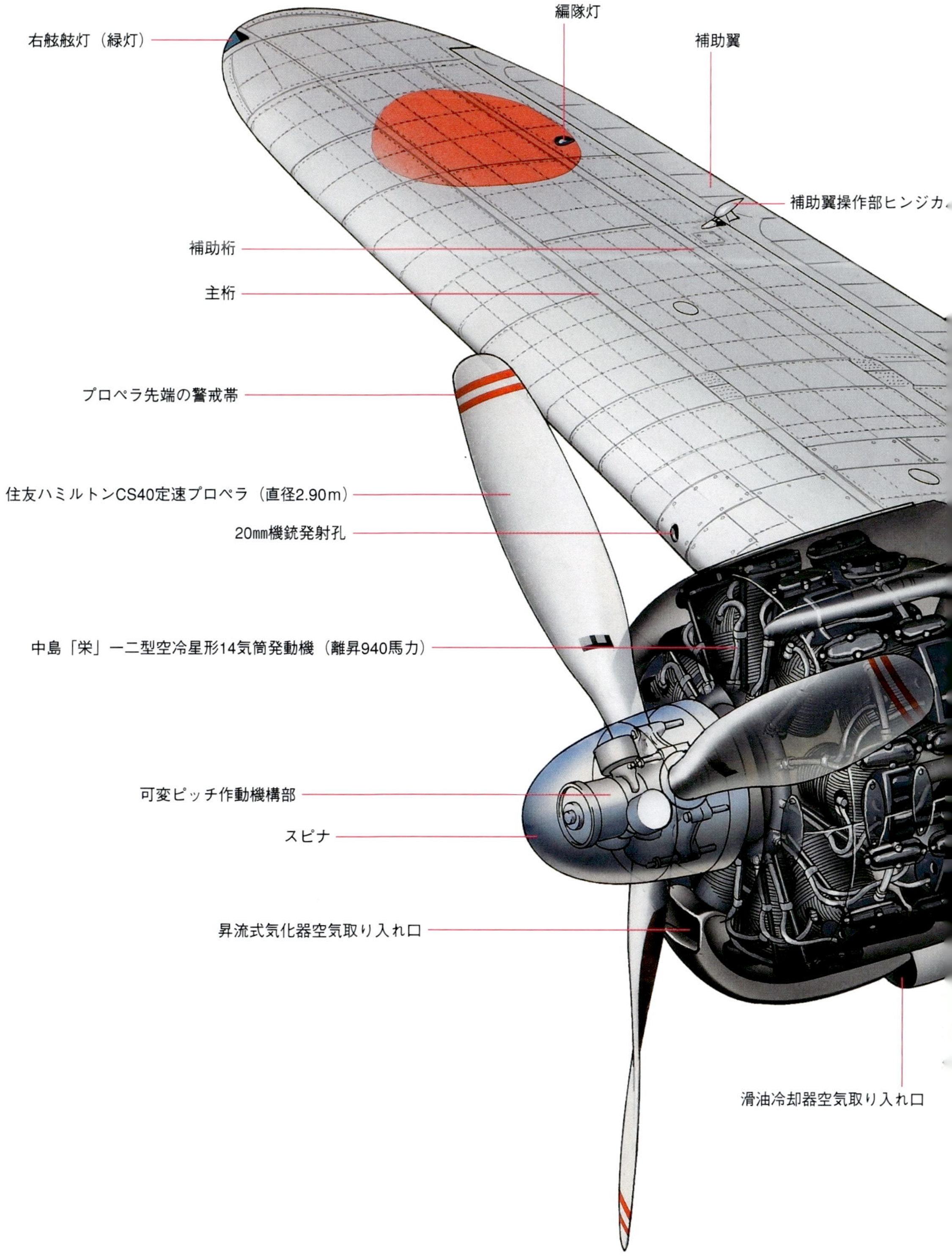
右舷舷灯（緑灯）
編隊灯
補助翼
補助翼操作部ヒンジカ
補助桁
主桁
プロペラ先端の警戒帯
住友ハミルトンCS40定速プロペラ（直径2.90m）
20㎜機銃発射孔
中島「栄」一二型空冷星形14気筒発動機（離昇940馬力）
可変ピッチ作動機構部
スピナ
昇流式気化器空気取り入れ口
滑油冷却器空気取り入れ口

「零戦」二一型精密解剖図

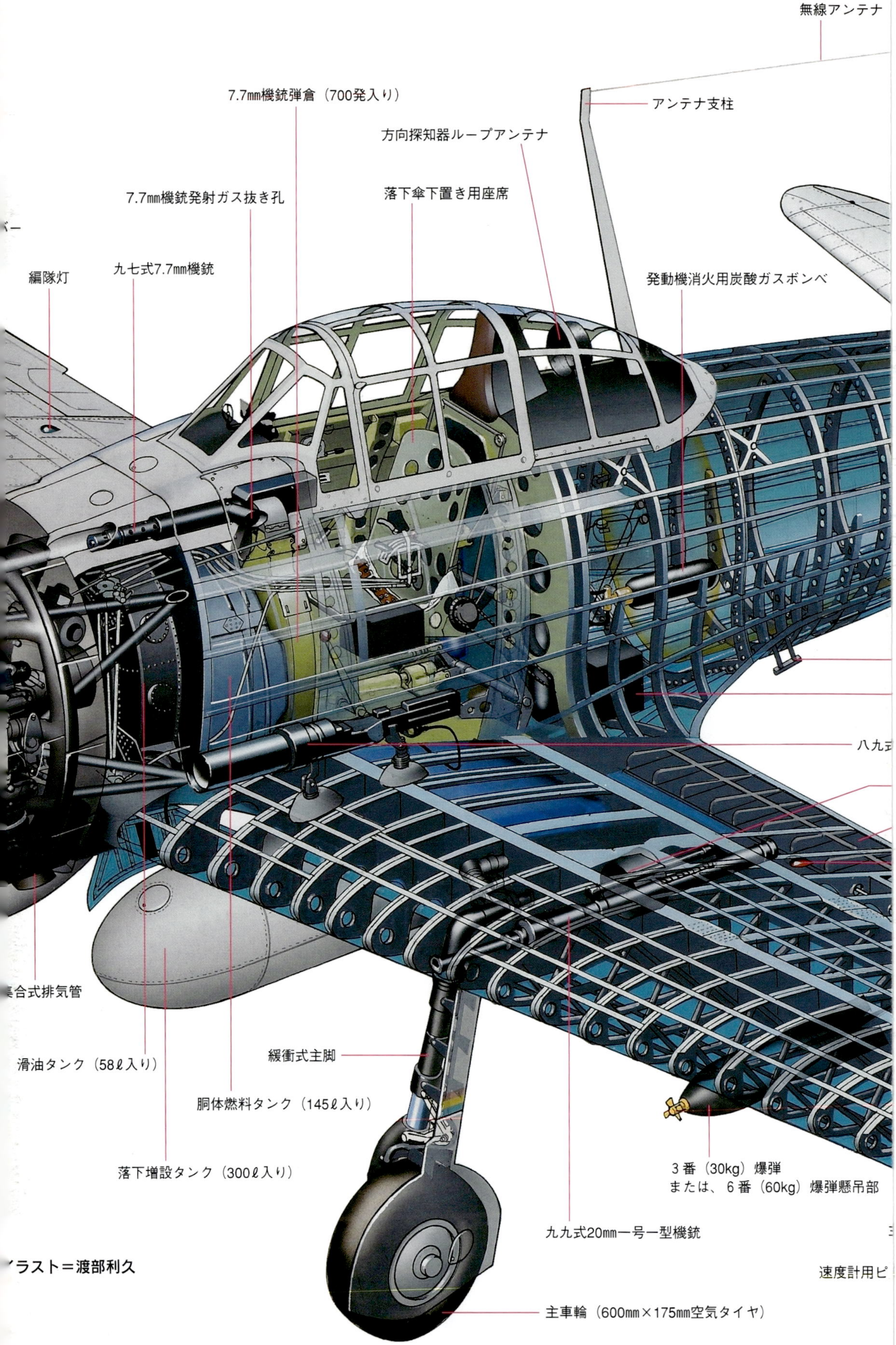
無線アンテナ
アンテナ支柱
7.7㎜機銃弾倉（700発入り）
方向探知器ループアンテナ
落下傘下置き用座席
7.7㎜機銃発射ガス抜き孔
編隊灯
九七式7.7㎜機銃
発動機消火用炭酸ガスボンベ
八九式
合式排気管
滑油タンク（58ℓ入り）
緩衝式主脚
胴体燃料タンク（145ℓ入り）
落下増設タンク（300ℓ入り）
3番（30kg）爆弾
または、6番（60kg）爆弾懸吊部
九九式20㎜一号一型機銃
速度計用ピ
主車輪（600㎜×175㎜空気タイヤ）

ラスト＝渡部利久

ト＝渡部利久

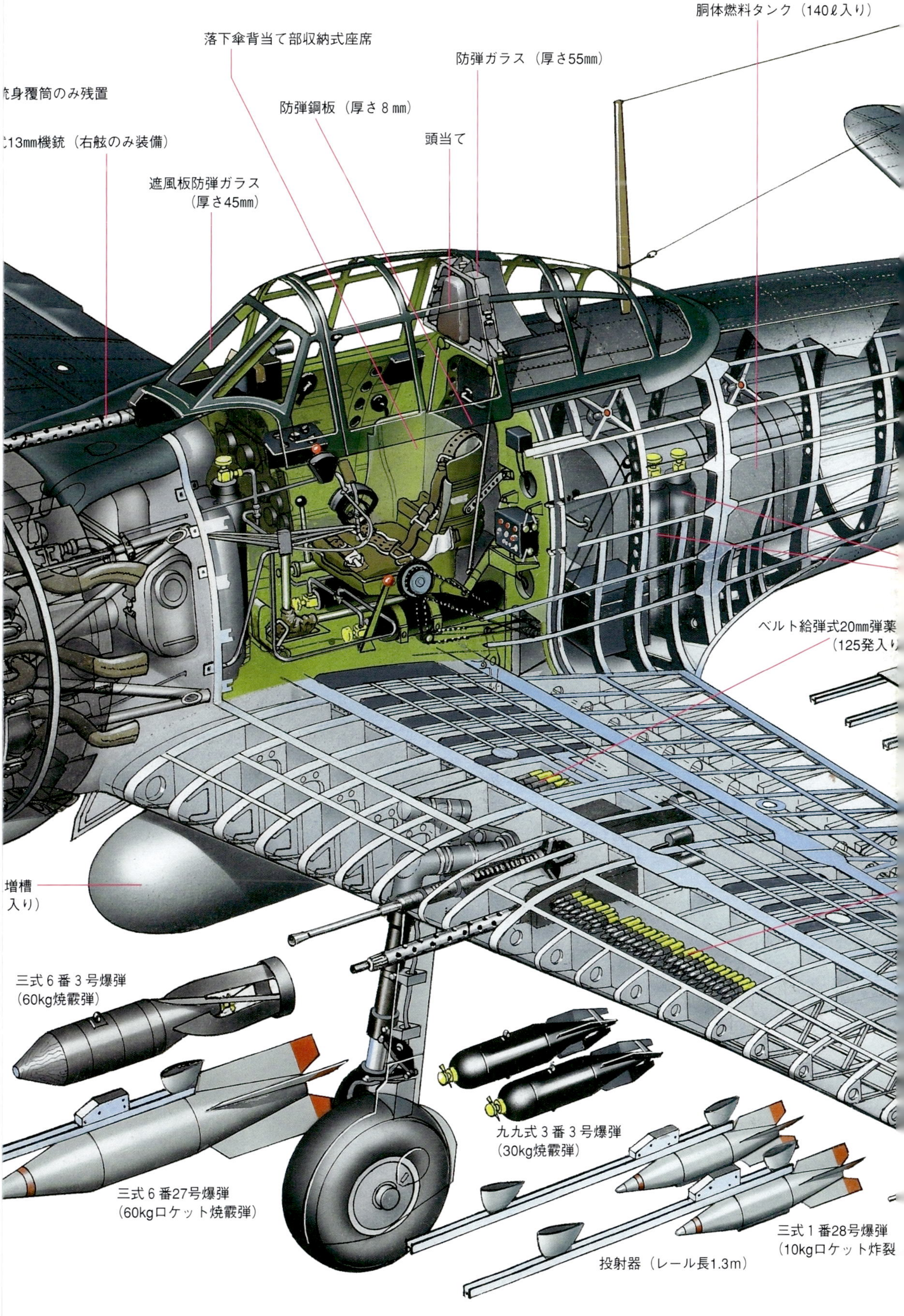
胴体燃料タンク（140ℓ入り）
落下傘背当て部収納式座席
防弾ガラス（厚さ55㎜）
銃身覆筒のみ残置
防弾鋼板（厚さ８㎜）
頭当て
式13㎜機銃（右舷のみ装備）
遮風板防弾ガラス
（厚さ45㎜）
ベルト給弾式20㎜弾薬
（125発入り
増槽
入り）
三式６番３号爆弾
（60kg焼霰弾）
九九式３番３号爆弾
（30kg焼霰弾）
三式６番27号爆弾
（60kgロケット焼霰弾）
三式１番28号爆弾
（10kgロケット炸裂
投射器（レール長1.3m）

特別折込み付録〔4〕

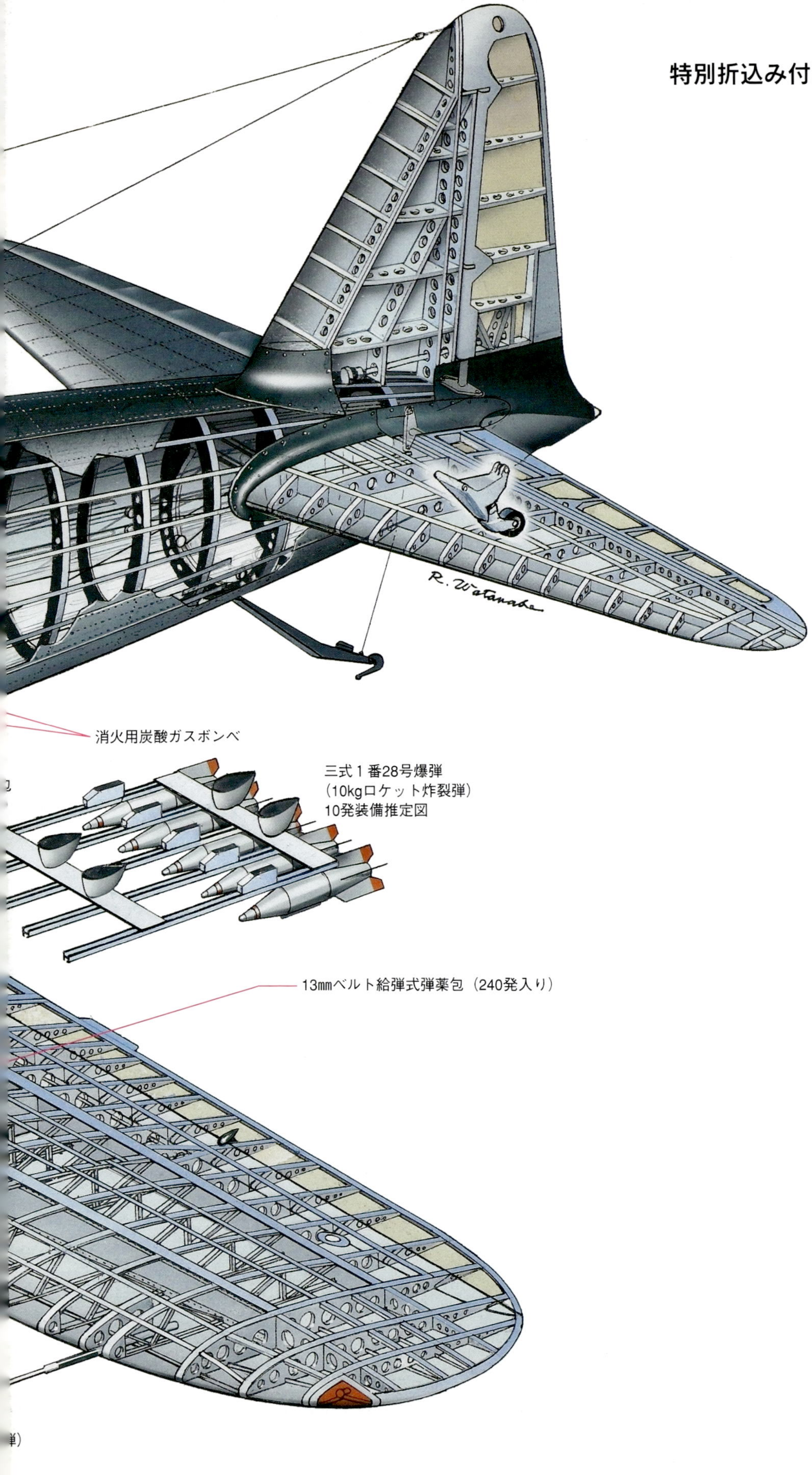
R. Watanabe
消火用炭酸ガスボンベ
三式1番28号爆弾
(10kgロケット炸裂弾)
10発装備推定図
13㎜ベルト給弾式弾薬包（240発入り）
弾)

第一航空艦隊第一航空戦隊「赤城」戦闘機隊〔尾翼識別符号：AI／胴体識別帯：赤1本〕

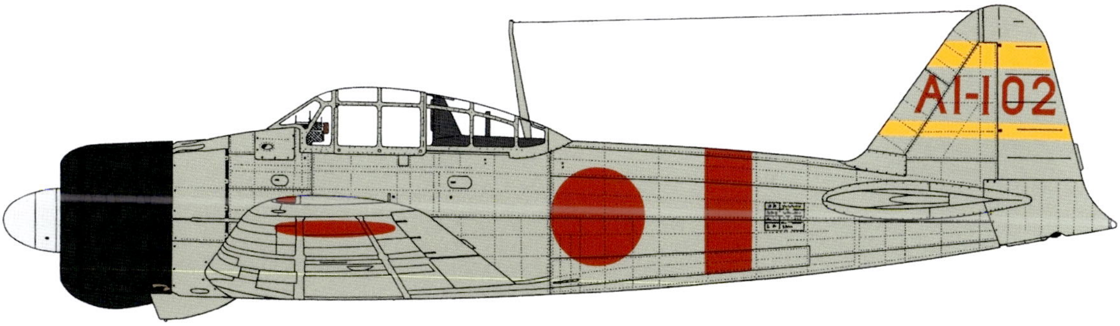

零戦二一型：102号機　分隊長・進藤三郎大尉搭乗機（昭和16年12月８日、真珠湾攻撃時）

開戦時、「赤城」の戦闘機隊定数は「零戦」18機で、真珠湾攻撃時には、第一次攻撃隊、第二次攻撃隊とも各９機が参加している。両隊は合計で遊覧機・練習機の撃墜３、敵機の地上撃破27を報じたが、第一次攻撃隊の１機を対空砲火で喪失した（なお、図の進藤大尉機は、第二次攻撃隊の指揮官機であった）。

その後、「赤城」はいったん内地に帰投し、南方侵攻作戦支援のために翌17年１月初旬に再度出動し、１月末にビスマーク諸島攻撃を実施した。２月19日のポートダーウィン空襲を皮切りに３月中旬までジャワ方面の掃討戦に従事し、南方侵攻作戦の締めとして実施された４月のインド洋作戦におけるコロンボ空襲とトリンコマリ空襲にも参加。この間、「赤城」の戦闘機隊は、損害ゼロで他隊との共同分も含めて20機を撃墜、８機を地上撃破している。

６月のミッドウェー作戦には、同島占領後に同島へ展開する六空の「零戦」を含めて24機の零戦を搭載して参加し、「赤城」戦闘機隊はミッドウェー上空の制空戦闘と艦隊上空の防空戦に奮戦。だが、「赤城」の被爆・喪失によってその戦歴は閉じられた。

第一航空艦隊第一航空戦隊「加賀」戦闘機隊〔尾翼識別符号：AII／胴体識別帯：赤2本〕

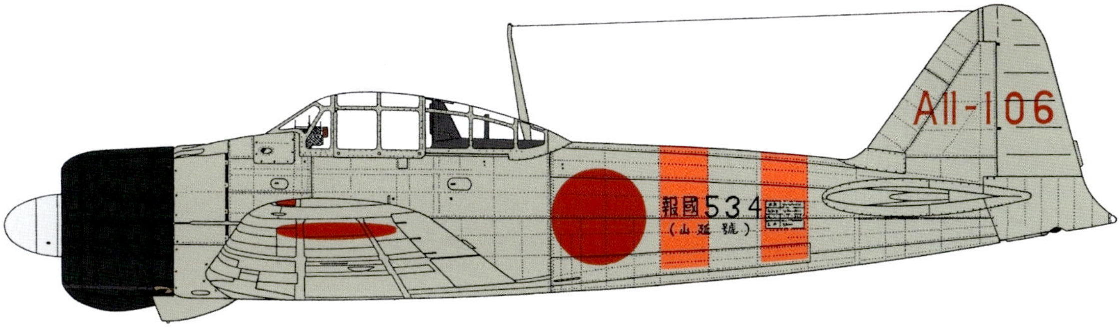

零戦二一型：159号機（昭和16年末）

16年４月の一航艦編成時に「赤城」と一航戦を編成した「加賀」の戦闘機隊は、真珠湾攻撃の時点では「赤城」と同じく「零戦」18機で構成されていた。

「加賀」戦闘機隊は、真珠湾攻撃時には第一次、第二次攻撃に各９機の「零戦」を投入し、合計で撃墜１、地上撃破20以上という戦果をあげたが、その一方で、攻撃に参加した６隻の空母のなかでは最多の４機を喪失している。

17年１月に第一機動部隊が南方侵攻作戦支援のために出動して以降、「加賀」はその主兵力としてほかの空母と共に行動したが、２月９日にパラオ泊地で艦底を損傷したこともあって、南方侵攻作戦終了後の３月末には内地に帰投しインド洋作戦には参加しなかった。

５月に艦隊に復帰した「加賀」は、六空分を含めて27機の「零戦」を搭載してミッドウェー作戦に参加した。同海戦で飯塚大尉指揮下の「加賀」戦闘機隊は、同島上空の制空戦で大きな戦果をあげ、引き続き艦隊上空の防空戦でも活躍したが、「赤城」戦闘機隊同様、「加賀」の被爆・喪失によりその戦歴を閉じている。

第一航空艦隊第二航空戦隊「蒼龍」戦闘機隊〔尾翼識別符号：BI／胴体識別帯：青1本〕

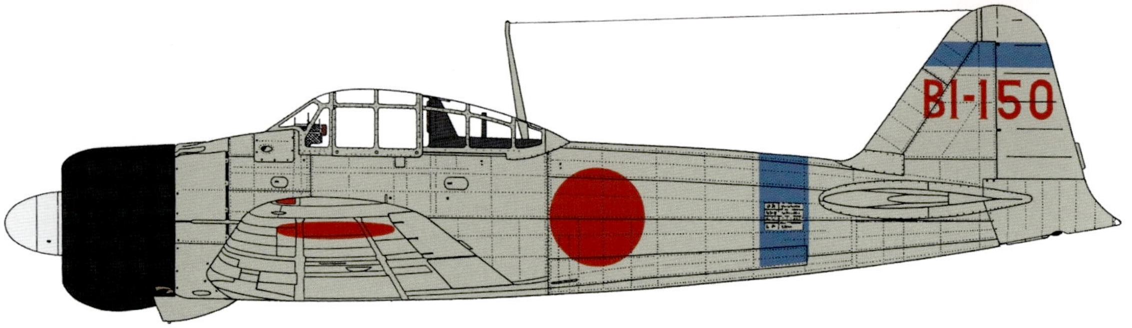

零戦二一型：150号機　小隊長搭乗機（昭和16年12月８日、真珠湾攻撃時）

一航艦編成時に二航戦旗艦となった「蒼龍」は、日本の高速艦隊型空母としては最小の艦だったが、開戦時、戦闘機隊は他艦と同じく「零戦」18機で編成されており、これは本艦が戦没するまで変わっていない。

「蒼龍」戦闘機隊は、真珠湾攻撃に合計17機の「零戦」を出撃させ、撃墜７、地上攻撃で30機以上を撃破した。だが、第二次攻撃隊は指揮官・飯田大尉を失い、藤田中尉が率いる「零戦」８機と「P-36」６機との空中戦で、２機撃墜と引き換えに２機を失っている。この後、二航戦は第一機動部隊から分離してウェーク島侵攻作戦の支援を命ぜられ、「蒼龍」は12月21日から23日まで作戦を実施し内地に帰投した。

二航戦は翌17年１月中旬に内地を出撃し、同月下旬のアンボン攻略に協力した後、２月19日のポートダーウィン空襲から４月のインド洋作戦まで第一機動部隊の中核として行動しており、インド洋作戦時のトリンコマリ空襲では空戦で14機の撃墜を報じている。６月のミッドウェー作戦では、「蒼龍」は六空分を含めて「零戦」21機を搭載し他隊同様に各戦闘で相当の戦果をあげたが、被爆・喪失を免れることはできなかった。

第一航空艦隊第二航空戦隊「飛龍」戦闘機隊〔尾翼識別符号：BII／胴体識別帯：青2本〕

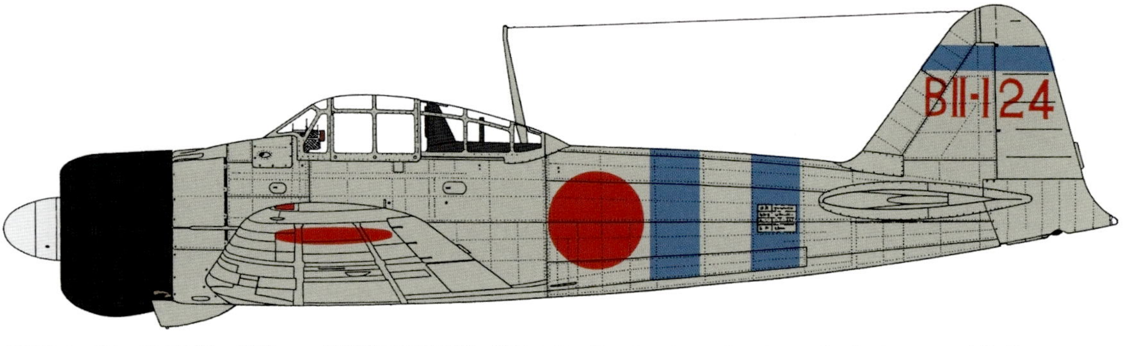

零戦二一型：124号機　豊島一一等飛行兵搭乗機（昭和17年２月19日、オーストラリア、ポートダーウィン攻撃時）

「蒼龍」と共に二航戦を構成した「飛龍」の戦闘機隊も、開戦時の定数は「零戦」18機で、以後、喪失まで特に変わっていない。

「飛龍」戦闘機隊は、真珠湾攻撃に合計15機を参加させ、１機を喪失はしたものの撃墜２、地上撃破20以上という大戦果をあげ、ウェーク島空襲では、同島に残っていた最後の「Ｆ４Ｆ」２機を田原三飛曹が撃墜して同島の制空権を完全に確保した。

「飛龍」は翌17年１月中旬以降、「蒼龍」と共に行動し、「飛龍」戦闘機隊は、インド洋作戦では４月５日のコロンボ空襲で24機の撃墜を報じている。

ミッドウェー作戦では「蒼龍」と同数の「零戦」を搭載して、３空母の被爆までは他艦の「零戦」隊と共同して少なからぬ戦果をあげている。だが、この後の二次にわたる「ヨークタウン」攻撃で、重松大尉以下の「飛龍」の「零戦」隊は、「Ｆ４Ｆ」との交戦で撃墜０、被撃墜５というシャットアウトを食らった。また、1501時以降、米艦爆のみで行なわれた「飛龍」への攻撃も防げずに同艦の被爆・喪失を許すなど、いささか不本意な戦いぶりで戦歴を閉じている。

第一航空艦隊第五航空戦隊「翔鶴」戦闘機隊〔尾翼識別符号：EI／胴体識別帯：白1本〕

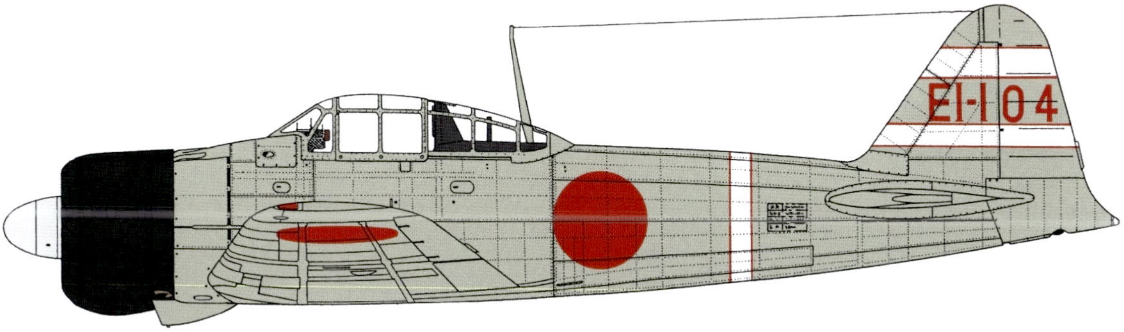

零戦二一型：104号機　分隊長・飯塚雅夫中尉搭乗機（昭和16年12月８日、真珠湾攻撃時）

五航戦の「翔鶴」戦闘機隊は、開戦の時点では「零戦」18機で編成されていた。だが、ミッドウェー海戦後、戦闘機による艦隊防空能力の強化の必要が認められ、17年７月14日に五航戦が一航戦に編成替えされた際に、定数は27機に増強された。

「翔鶴」戦闘機隊は、真珠湾攻撃の第一次攻撃隊に６機が参加し、地上攻撃で33機撃破を報じている。ビスマーク諸島攻略後、五航戦はインド洋作戦まで第一機動部隊のほかの空母と共に行動し、インド洋作戦のトリンコマリ空襲では損失１機で23機を撃墜している。

５月７～８日の珊瑚海海戦で「翔鶴」は大破したが、同戦闘機隊は８日の戦闘で51機の撃墜を報じた（ただし、米側の空戦における同日の損失は合計19機である）。

「翔鶴」は、米軍のガ島侵攻に呼応して８月16日に南方に進出後、同月24日の第二次ソロモン海戦および10月26日の南太平洋海戦に参加し、さらに、陸上基地に進出して作戦を実施するなど各種戦闘に従事したが、南太平洋海戦で損傷し戦線を離脱した。南太平洋海戦後、一航戦は内地に帰投するが、その際に尾翼識別符号は図のものから新たなものに変更されている。

第一航空艦隊第五航空戦隊「瑞鶴」戦闘機隊〔尾翼識別符号：EII／胴体識別帯：白2本〕

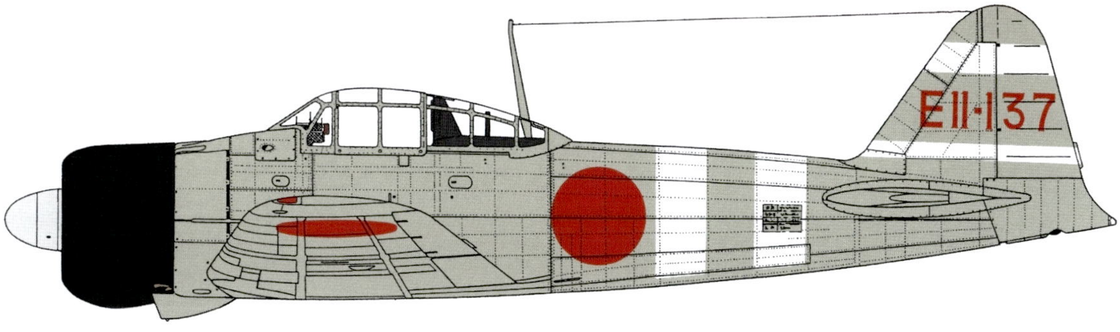

零戦二一型：137号機　分隊長・佐藤正夫大尉搭乗機（昭和16年12月８日、真珠湾攻撃時）

「翔鶴」と共に五航戦を編成した「瑞鶴」戦闘機隊の「零戦」の定数は「翔鶴」と同じで、一航戦に編成替え後の定数変更も同様だった。五航戦は真珠湾攻撃では上空直衛空母に指定されたために、「瑞鶴」戦闘機隊は第一次攻撃のみに参加したが、地上攻撃で33機を撃破している。翌17年のインド洋作戦に至るまでの行動も「翔鶴」と同様で、トリンコマリ空襲では１機の損失で20機撃墜を報じている。

その後、珊瑚海海戦では、米艦隊上空の戦闘と防空戦闘で損失ゼロで53機の撃墜を報じた。

「瑞鶴」は、ガ島戦開始から南太平洋海戦に至るまで「翔鶴」と行動を共にしており、第二次ソロモン海戦では、日高大尉が率いる６機の「零戦」が米艦隊上空で５倍以上の「Ｆ４Ｆ」と交戦し、３機の損失で同数以上の敵機を撃墜して攻撃隊の進路を切り開く大殊勲を立てている。一方、南太平洋海戦では目立った成果はあげられなかった。

18年４月、「瑞鶴」戦闘機隊はラバウルに進出、「い」号作戦に従事して13機を撃墜した。この後、一航戦飛行隊は、11月に実施された「ろ」号作戦には二一型をもって参加したが大被害を被って後退し、五二型への機種改編を行なっている。

第一航空艦隊第四航空戦隊「龍驤」戦闘機隊〔尾翼識別符号：DI／胴体識別帯：黄1本〕

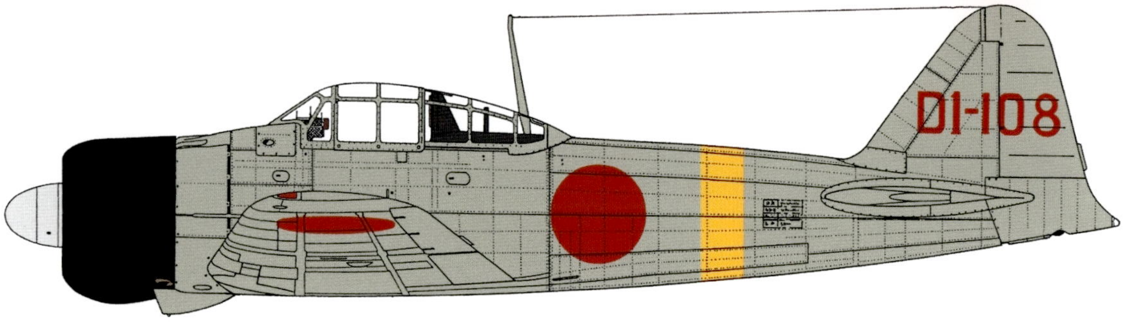

零戦二一型：108号機　小隊長・古賀忠義一飛曹搭乗機（昭和17年6月4日、アリューシャン作戦時）

開戦時、「龍驤」戦闘機隊は「九六式艦戦」で編成されており、南方侵攻作戦終了後の17年4月末に「零戦」への転換を実施している。戦闘機16（うち予備機4）を定数とする新編の「龍驤」戦闘機隊は、ミッドウェー作戦の支作戦であるアリューシャン作戦が初陣となった。同作戦における二日間の航空作戦で、「龍驤」の「零戦」はダッチハーバー空襲時にPBYを撃墜したほか、地上攻撃で相応の戦果をあげた。だが、6月4日の空襲で被弾しアクタン島に不時着した図の古賀一飛曹機がのちに米軍に鹵獲（ろかく）され、それまで謎だった「零戦」の実態が米側に把握される事態を生じたことは、日本側にとって「ミッドウェー海戦の敗北に匹敵する痛手」となった。

7月14日の第三艦隊編成時、「龍驤」は第二航空戦隊に配されて、ガ島戦開始時は、まだ整備が終わらない「瑞鳳」に代わって一航戦の直衛専用空母として南方に進出した。直後の8月24日、「龍驤」は機動部隊の支隊として第二次ソロモン海戦に参加し、搭載した「零戦」24機のうち15機がガ島を攻撃したが大きな戦果はあげられず、艦隊上空で米攻撃隊を迎撃した残余の10機も「龍驤」の喪失を防げなかった。

第一航空艦隊第四航空戦隊「祥鳳」戦闘機隊〔尾翼識別符号：DII／胴体識別帯：黄2本〕

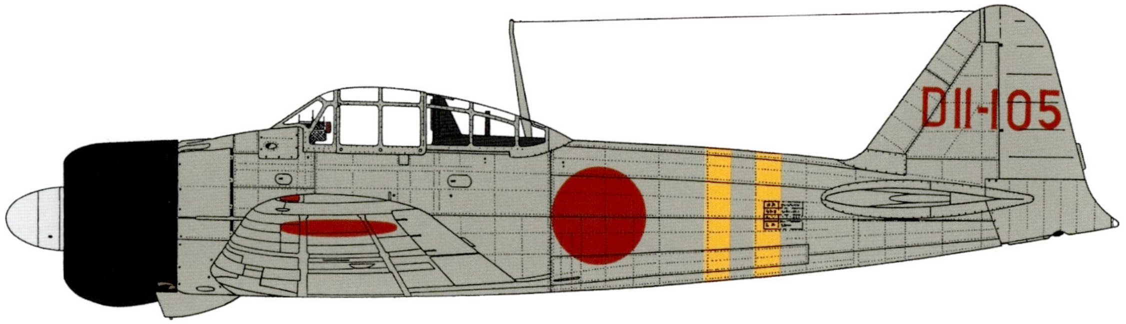

零戦二一型：105号機（昭和17年5月、珊瑚海海戦時）

開戦直前に完工した「祥鳳」に搭載規定数が設けられたのは17年4月のことで、戦闘機の搭載定数は16（予備機4）とされた。ただし、「零戦」が不足していたために、その半数が「九六式艦戦」だった。

「祥鳳」の初陣は17年5月に実施されたポートモレスビー攻略作戦で、MO主隊に編入されて攻略部隊の護衛任務に従事したが、7日に米艦載機93機の攻撃を受けて沈没し、短い艦歴を閉じることになる。

「祥鳳」戦闘機隊は、この日の防空戦闘で「九六式艦戦」と「零戦」各3機を上空直掩（ちょくえん）に上げており、来襲した米攻撃隊の掩護機である「F4F」18機と交戦した。この空戦は、日米の母艦航空隊の戦闘機同士による最初の空戦だったが、日本側は奇襲を受けて劣位の不利な状況下での空戦を強いられ、兵力面でも米側が優勢だったことから3機（「零戦」1、「九六式艦戦」2）を喪失、これに対して米側の損失はゼロだった。かくして日米空母戦闘機同士の最初の交戦は米側に凱歌（がいか）があがったが、翌日の五航戦対米艦隊の戦闘では、「零戦」1の損失と引き換えに「F4F」7機を撃墜して、見事に雪辱を果たしている。

第三艦隊第二航空戦隊「飛鷹」戦闘機隊〔尾翼識別符号：A2-1／胴体識別帯：赤1本〕

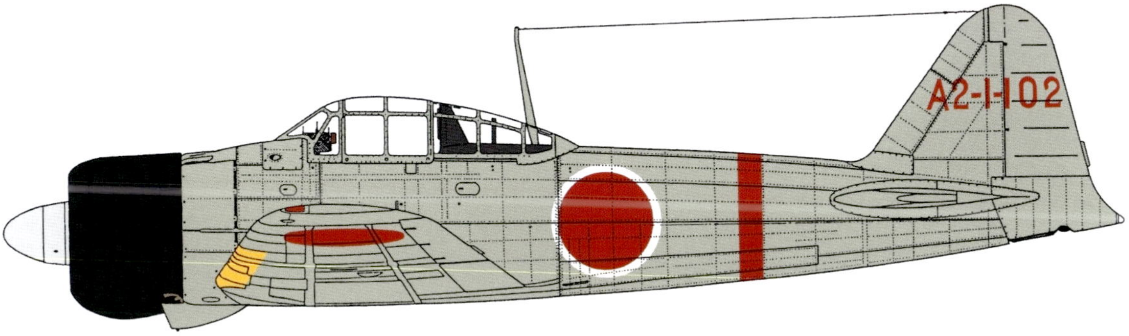

零戦二一型：102号機（昭和17年9月、内地）

17年7月31日に完工した「飛鷹」は、訓練終了後の10月には第二航空戦隊旗艦として南方に進出し、ガ島への「10月攻勢」の際には第二艦隊に配されて行動した。同月20日に機関故障を起こして戦線離脱を余儀なくされるが、「零戦」隊の一部は、艦攻隊と共に「隼鷹」に派遣され南太平洋海戦に参加している。残った「零戦」（16機）はラバウルに派遣され、24日以降、基地航空隊と協力して激烈なガ島方面の航空作戦に従事する。11月1日にはその一部がブインに派遣されており、飛行隊はガ島の戦況が絶望的となった12月14日に本土への帰還の途に就いた。

「飛鷹」飛行隊は、翌18年3月下旬まで錬成を実施し、4月の「い」号作戦に参加する（この時点で定数は以前の21から27に増加し、機の塗装はまだら迷彩となった）。その後、いったんは本土に帰還するが、7月にふたたび南方方面に派遣され、9月に第二十六航空戦隊に編入されて消滅した。その後、「飛鷹」飛行隊は11月にシンガポールで再建され、12月から翌19年1月末までラバウルに派遣された。ラバウル撤退後、本飛行隊は六五二空として再編されるが、この際にようやく「零戦二一型」は姿を消したものと思われる。

第三艦隊第二航空戦隊「隼鷹」戦闘機隊〔尾翼識別符号：A2-2／胴体識別帯：赤2本〕

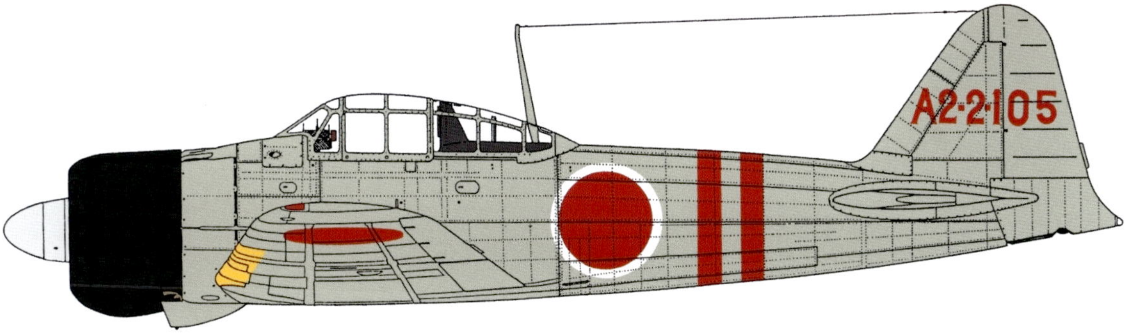

零戦二一型：105号機（昭和17年9月、内地）

完工時、「隼鷹」戦闘機隊（定数16、予備4）には「九六式艦戦」の装備が予定されていたが（「祥鳳」と同じく「零戦」との混載か）、同艦飛行長の志賀少佐が「『九六式艦戦』で戦争ができるか」と強硬に主張して、「零戦」のみで編成されることとなった。初陣となった17年6月のアリューシャン作戦では、六空の戦闘機隊を輸送するために搭載された「零戦」は6機のみだったが、5日にウムナク島上空で「P-40」3機と交戦し損害ゼロで2機を撃墜している。

この後、「隼鷹」は第三艦隊の編成時に第二航空戦隊に配され、「零戦」21機（予備機3？）を含む飛行隊の錬成を実施後、10月に南方へ派遣された。「隼鷹」は「飛鷹」と共に前進部隊の作戦に従事し、同月26日の南太平洋海戦では「ホーネット」の撃沈に寄与した。なお、同海戦で本戦闘機隊は、空戦では損失を出すことなく3機を撃墜している（不時着水などで5機を喪失）。

本艦は翌18年2月まで南方で唯一の可動空母として各種輸送作戦の支援を行なった後、飛行隊の錬成を実施して4月の「い」号作戦に参加した。その後の飛行隊の行動の経緯は、おおむね「飛鷹」戦闘機隊と同様である。

第十二航空隊戦闘機隊〔尾翼識別符号：3＝使用期間：昭和12年10月～16年9月〕

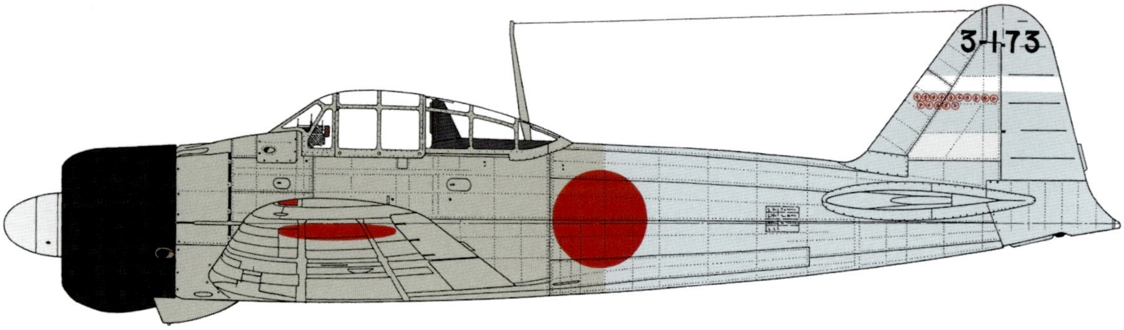

零戦一一型：173号機　撃墜マーク記入機（昭和16年、中国、漢口基地）

日中戦争勃発（ぼっぱつ）時に当初は「九五式艦戦」で編成された第十二航空隊の戦闘機隊は、13年に完全な艦戦隊に改編された際に「九六式艦戦」に転換されて、大陸方面での諸作戦を担任した。

その後、陸攻隊の中国大陸奥地への戦略爆撃実施にあたって、戦闘機の護衛が不可欠とされて「零戦」の配備が渇望されたことから、まず15年７月21日に６機が実用試験中の横空から十二空の基地のある漢口へ空輸され、その後、さらに９機が追加されている。

十二空の「零戦」隊は、８月19日より重慶に侵攻する陸攻隊の護衛を開始するが、中国側が兵力温存策に出たためになかなか空戦の機会を得ることができなかった。だが、９月13日の第四次攻撃の際に、進藤大尉に率いられた「零戦」13機が一挙に27機を撃墜する大戦果をあげてうっぷんを晴らした。十二空は、引き続き16年夏まで中国方面での航空撃滅戦を実施して、数多くの戦果を積み上げるに至っている。

十二空は、太平洋戦争開戦前に実施された兵力改編に伴って16年９月15日に解隊の運びとなり、所属搭乗員の多くは台南空および三空に転じている。

第十四航空隊戦闘機隊〔尾翼識別符号：9＝使用期間：昭和13年4月～16年9月〕

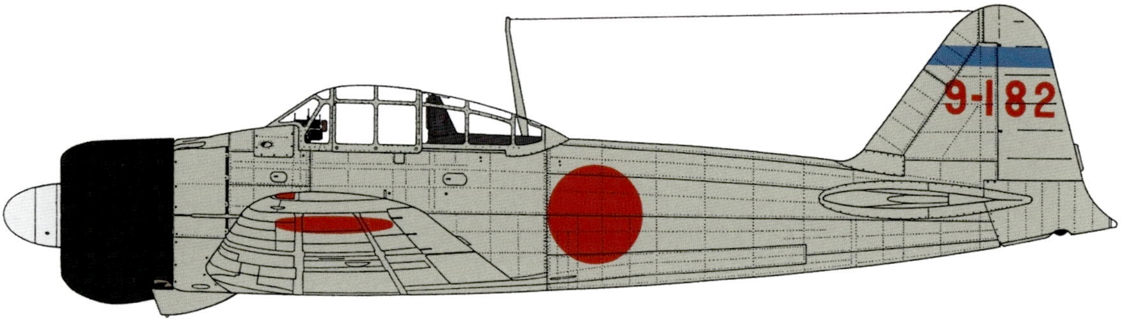

零戦一一型：182号機（昭和15年９月、中国、南寧基地）

13年４月に中国南方方面での作戦にあたる航空隊として編成された第十四航空隊の艦戦隊は、15年５月にいったん四川省攻撃のために漢口に派遣された後、９月に「零戦」９機を受領して中国南方に復帰する。そして、同月の北部仏印進駐に伴ってハノイ飛行場へと移動し、10月以降、同基地を拠点として、援将ルートを遮断するべく中国南西方面での航空作戦を開始した。

「零戦」受領後の最初の戦闘である10月７日の昆明攻撃は、陸攻27機と小福田大尉指揮下の「零戦」７機で編成された攻撃隊で実施され、損失を出すことなく13機を撃墜し、４機を地上で撃破している。その後も、十四空は同方面での航空攻勢を継続し、12月12日には「零戦」７機が陸偵の誘導の下、630km離れた祥雲飛行場を襲撃して22機を撃破するなど、大きな戦果をあげ続けた。翌16年７月の南部仏印進駐の際には、サイゴンに分遣隊を進出させたが主力はハノイにとどまり、９月15日に解隊されている。

なお、「零戦」が配備されてから解隊に至るまでの期間の十二空と十四空の戦果は、合わせて撃墜103、地上撃破163と報じられており、それに対して、損失は３機（空戦での損失はゼロ）のみであった。

台南海軍航空隊（台湾）〔尾翼識別符号：V＝使用期間：昭和16年10月〜17年10月〕

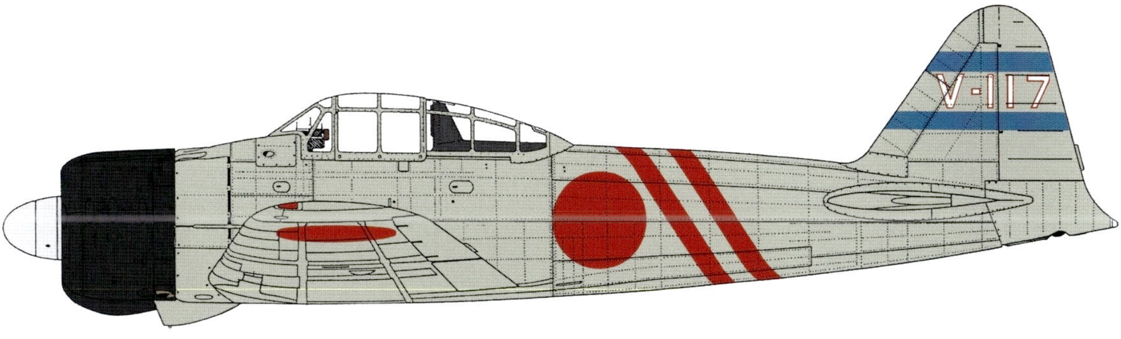

零戦二一型：117号機　飛行隊長・新郷英城大尉搭乗機（昭和17年２月、蘭印方面）

台南空は、南方作戦投入を念頭に置いて、艦戦54（ほかに予備18）という大兵力をもつ戦闘機専用部隊として、16年10月に編成されている。

12月８日の開戦当日、台南空は44機をもって比島への攻撃作戦に参加し、５機を損失したものの、９機を撃墜、在地機60機を撃破して、幸先よく比島航空戦の大勢を制した。この後、12月末に比島方面の航空戦が一段落すると、翌17年３月上旬まで南方侵攻作戦支援のために蘭印方面各地を転戦し、その間に多くの戦果をあげている。

翌４月にはニューギニア方面での作戦支援のためにラバウルに進出し、同地とニューギニアのラエを拠点として、４月中旬から７月末まで同方面で航空作戦を実施し、損失20と引き換えに撃墜約300を記録。８月７日にガ島戦が開始されると、台南空は同方面の作戦に投じられ、進攻初日に２機の損失で11機を撃墜するなど各作戦で少なからぬ戦果をあげたが、損失もまた多く、二五一空に改称直後の11月中旬には戦力回復のために本土に帰還した。

海軍の著名なエースである笹井中尉や坂井一飛曹が所属していたこともあって、台南空は海軍戦闘機隊のなかで最も高名な部隊として後世に名を残した。

第二十二航空戦隊司令部付戦闘機隊〔尾翼識別符号：Ⅱ＝使用期間：昭和16年11月〜17年３月〕

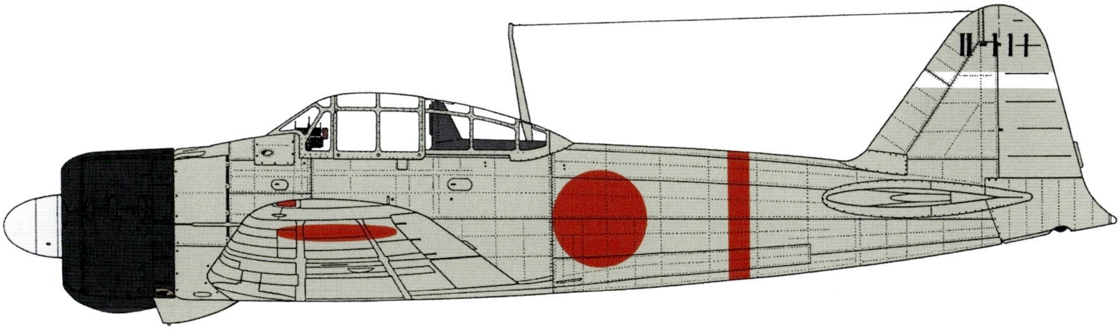

零戦二一型：111号機（昭和16年12月、マレー半島コタバル基地）

本隊は、開戦劈頭（へきとう）のマレー侵攻作戦および南方侵攻作戦に投入するために、同方面を担当する二十二航戦司令部付属として臨時に編成された隊で、戦闘機兵力は、台南空と三空から分遣された「零戦」27機で構成されていた。

開戦の前後しばらくの間は、仏印方面の防空任務およびマレー侵攻にあたる船団の直衛任務に従事していたが、12月下旬以降は当初の狙いどおり、南方侵攻作戦を支援するために蘭印方面への兵力分派を実施して同方面の作戦にも協力した。

翌17年１月にはいったん全部隊をマレー半島のコタバルに集結させ、同月12日から29日にかけて、シンガポール攻略に協力して同方面での航空攻勢を実施している。「零戦」隊は、この航空攻勢で撃墜約40を報じており、損失は２機のみであった。

翌２月には蘭印方面にふたたび投ぜられ、同方面での戦闘で若干の戦果をあげたのち、作戦終了後の３月中旬にバンコクへ帰還している。その後、本隊はビルマ・アンダマン諸島方面での航空作戦に参加し、４月１日に鹿屋空に編入されて消滅した。

第三航空隊〔尾翼識別符号：X＝使用期間：昭和16年4月～17年10月〕

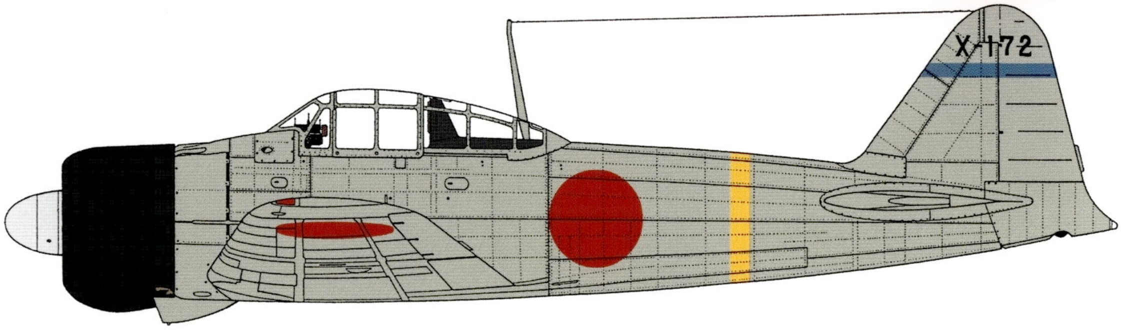

零戦二一型：172号機（昭和16年12月、台湾、高雄基地）

第三航空隊は、16年４月に陸攻隊として編成されたが、その後、南方侵攻作戦の際の制空作戦実施にあたって中核となる戦闘機隊とすることが決定され、９月に台南空と同じ定数をもつ大規模な戦闘機専用部隊に改編された。

三空は、開戦当初より比島方面の航空撃滅戦に参加し、十二空が最初に漢口を攻撃した時の指揮官だった飛行隊長・横山大尉の指揮下、12月14日までに４回の攻撃を実施し、在比米空軍をほぼ壊滅させることに貢献した。

航空撃滅戦終了後、三空は同月23日に蘭印方面に転戦し、翌17年２月にはジャワ東部進攻のために、バリクパパン基地で一時的に台南空の指揮下に入った。２月３日のスラバヤ上空の空戦で約90機を撃滅して同方面の制空権を確保し、ジャワ方面の戦闘が終了する３月上旬まで同方面で作戦を実施した。この間、三空は撃墜約150、地上撃破約170を報じており、搭乗員の損失は11名だった。

以後、三空はクーパンおよびケンダリーを基地として、陸攻隊と共にポートダーウィン進攻を実施。９月にはラバウルに進出しガ島方面の航空戦に投ぜられたが、二〇二空に改称された直後の11月上旬、同方面への派遣を解かれて南西方面に復帰している。

第三航空隊、各長機の識別帯

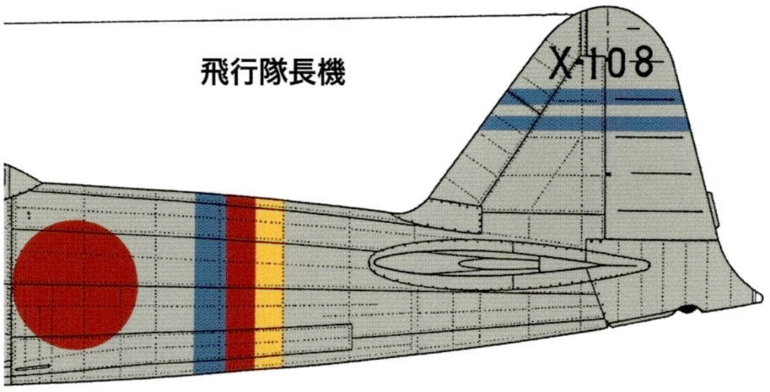

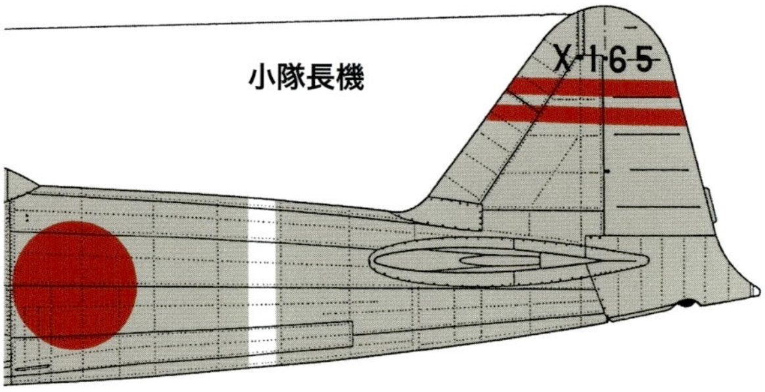

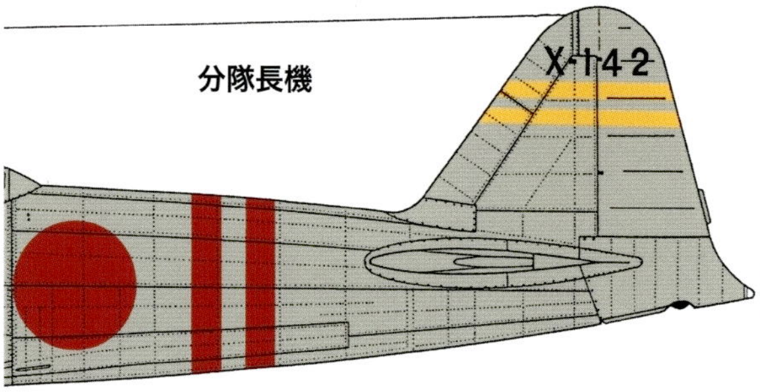

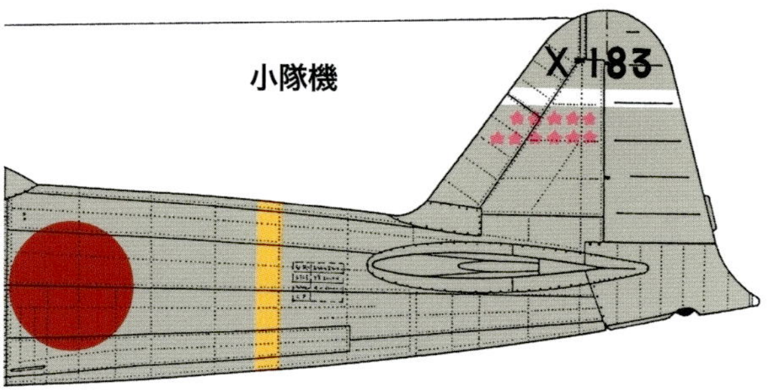

開戦時点における海軍戦闘機隊の最低単位は３機で構成される小隊で、その上の中隊は３個小隊もしくは２個小隊で構成されていた。飛行隊は通常は２ないし３個の中隊で構成された。台南空のような大規模な部隊は18～27機編成の飛行隊を２～３個合わせるような形で編成される。

なお、同時期の米海軍の空母戦闘機隊の編成は日本海軍の編成に近いが、英海軍は飛行隊を置かずに９機編成の中隊を複数搭載する形をとっていた。

第四航空隊戦闘機隊〔尾翼識別符号：F=使用期間：昭和17年2月～10月〕

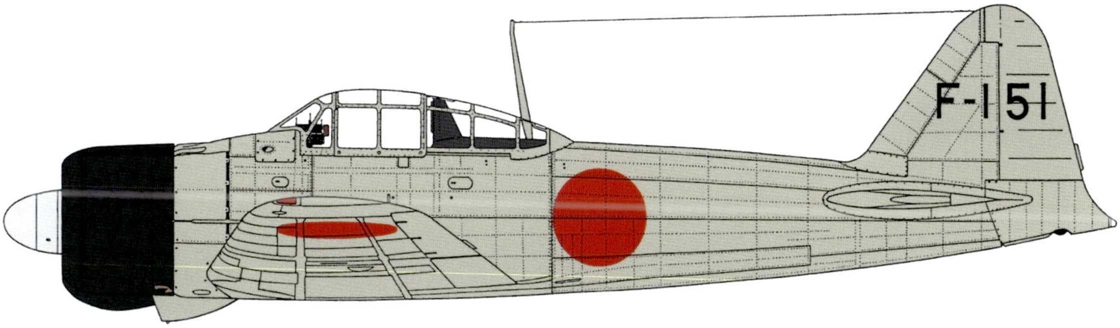

零戦二一型：151号機（ニューギニア島、ラエ基地）

第四航空隊の戦闘機隊は、17年２月にトラック島で、陸攻27、同じく艦戦27の定数をもって編成された。

四空は、同月17日に展開先のラバウルに最初の「零戦」６機が輸送された後、ポートモレスビーに対する攻撃作戦を開始する。この後、３月下旬までポートモレスビーおよび豪州北部に対する進攻任務に従事したが、この間の３月14日には、ホーン島上空で四空の「零戦」12機が迎撃してきた「P-40」９機と空中戦を展開したものの、撃墜１機に対して２機を喪失するなど、押しなべて戦果は芳しくなかった。

四空は、４月１日付の改編で陸攻隊となり、それに伴って、戦闘機隊の人員と機材は台南空へ編入された（この際に、同隊に所属していたエースの西澤一飛曹も台南空に移動している）。

ただし、この後、17日に台南空本隊が展開するまで、旧四空戦闘機隊は引き続き同方面の防空・進攻任務に従事していた。

第二航空隊戦闘機隊〔尾翼識別符号：Q=使用期間：昭和17年7月～10月〕

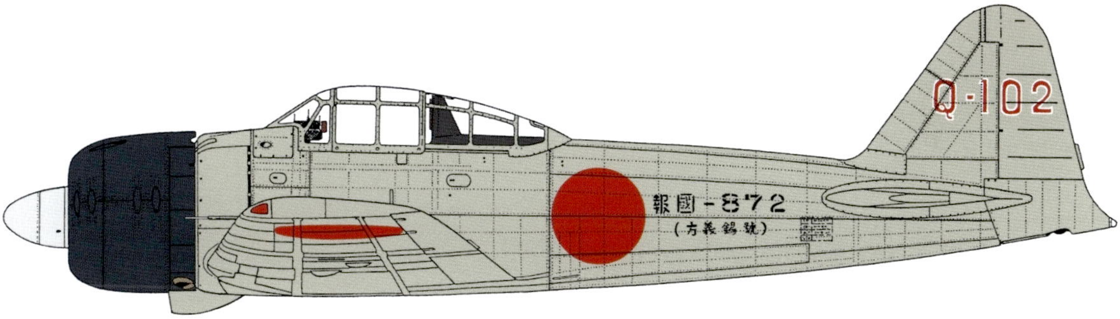

零戦三二型：122号機（昭和17年夏、ニューブリテン島ラバウル基地）

第二航空隊は、FS作戦実施後の17年５月末に、ニューヘブライズ、ニューカレドニア方面に展開する艦爆・艦戦混成航空隊として編成された。当初の定数は艦爆・艦戦とも16だったが、11月に艦爆24・艦戦36に改められている。

二空は、ガ島侵攻直前の８月６日にFS作戦用としてラバウルに到着したが、ガ島作戦の開始とニューギニア方面の航空作戦の激化に伴って同方面の航空作戦に充当されるに至り、15日には外南洋部隊へ編入された。

新型の「三二型」を装備する二空の「零戦」隊は、航続力の問題で当初はニューギニア方面の作戦に充当されたが、９月以降はガ島方面にも投ぜられるようになり、翌18年８月１日に艦爆隊のみの編成になるまで、この両方面の戦闘機隊の中核的存在として活動した。

この間、進藤大尉（のち少佐）や「片翼帰還」で有名な樫村飛曹長も所属した本飛行隊は、空中撃墜だけで約220を報じている（なお、本飛行隊の活躍は、同隊所属の角田和男少尉の手になる「零戦特攻」に詳しい。なお、本飛行隊の名称は、17年11月１日付の戦時編制の一部改訂による外戦航空隊名称の数字番号への改正により、五八二空と改称された）。

零戦 エースの搭乗機

日本海軍では、陸軍や外国の陸海空軍のような愛機制が採用されていなかったために、任務ごとの搭乗員と搭乗機の組み合わせに関しては大半が不詳となっている。しかし、限られた記録や写真などによって、ある日、または、ある期間の搭乗員と搭乗機が判明しているケースも少なくない。そのなかから、撃墜王として知られる男たちの搭乗機を紹介する。

特撮＝田中ショウリ／イラスト＝野原 茂・保坂宗雄・渡部利久／資料提供＝国本康文

西澤廣義上飛曹搭乗機：零戦二一型＝第二五一航空隊
（昭和18年１月、愛知県、豊橋基地）

特撮＝田中ショウリ

二五一空時代の西澤廣義上飛曹（のち中尉）。

西澤廣義上飛曹搭乗機：零戦二一型“UI-106”

イラスト＝野原 茂

岩本徹三一飛曹搭乗機：
零戦二一型＝「瑞鶴」戦闘機隊
（昭和16年12月、ハワイ作戦時）

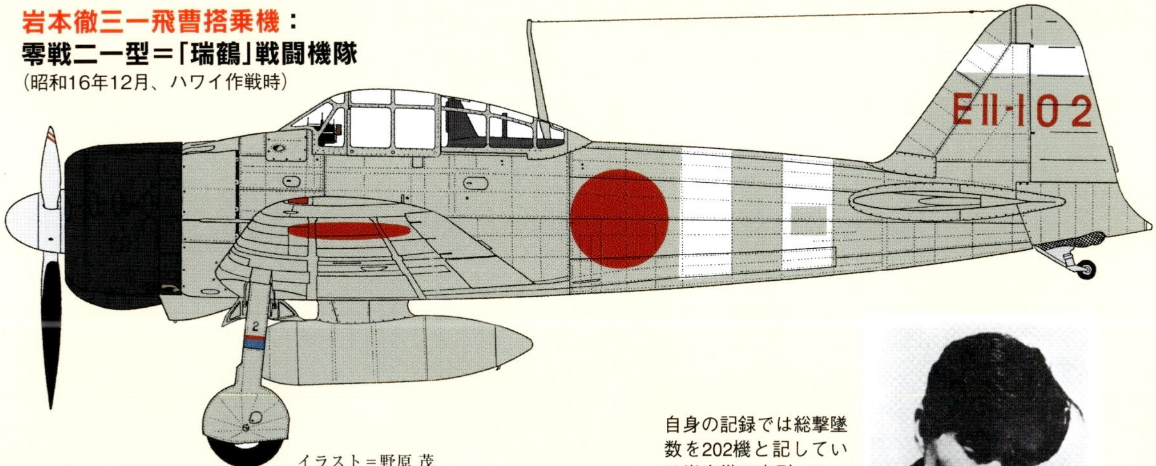

イラスト＝野原 茂

自身の記録では総撃墜数を202機と記している岩本徹三中尉。

岩本徹三飛曹長搭乗機：零戦二二型＝第二五三航空隊
（昭和18年９月～19年、ラバウル）

昭和19年１月ごろには桜の撃墜マークが60個を超えたというが、それを再現した特撮写真。実機の写真が残されていないのが残念である。岩本飛曹長は同じ機体に乗り続けていたということになるが、これは旧海軍では珍しいことといえるだろう。

岩本徹三飛曹長搭乗機：零戦五二型＝第二五三航空隊
（昭和19年、ラバウル）

特撮＝田中ショウリ

坂井三郎一飛曹搭乗機：零戦二一型＝台南航空隊
（昭和17年4月～8月、ラバウル）

昭和17年6月7日、ラエ基地での記念写真からトリミングした坂井一飛曹（のち中尉）。

特撮＝田中ショウリ

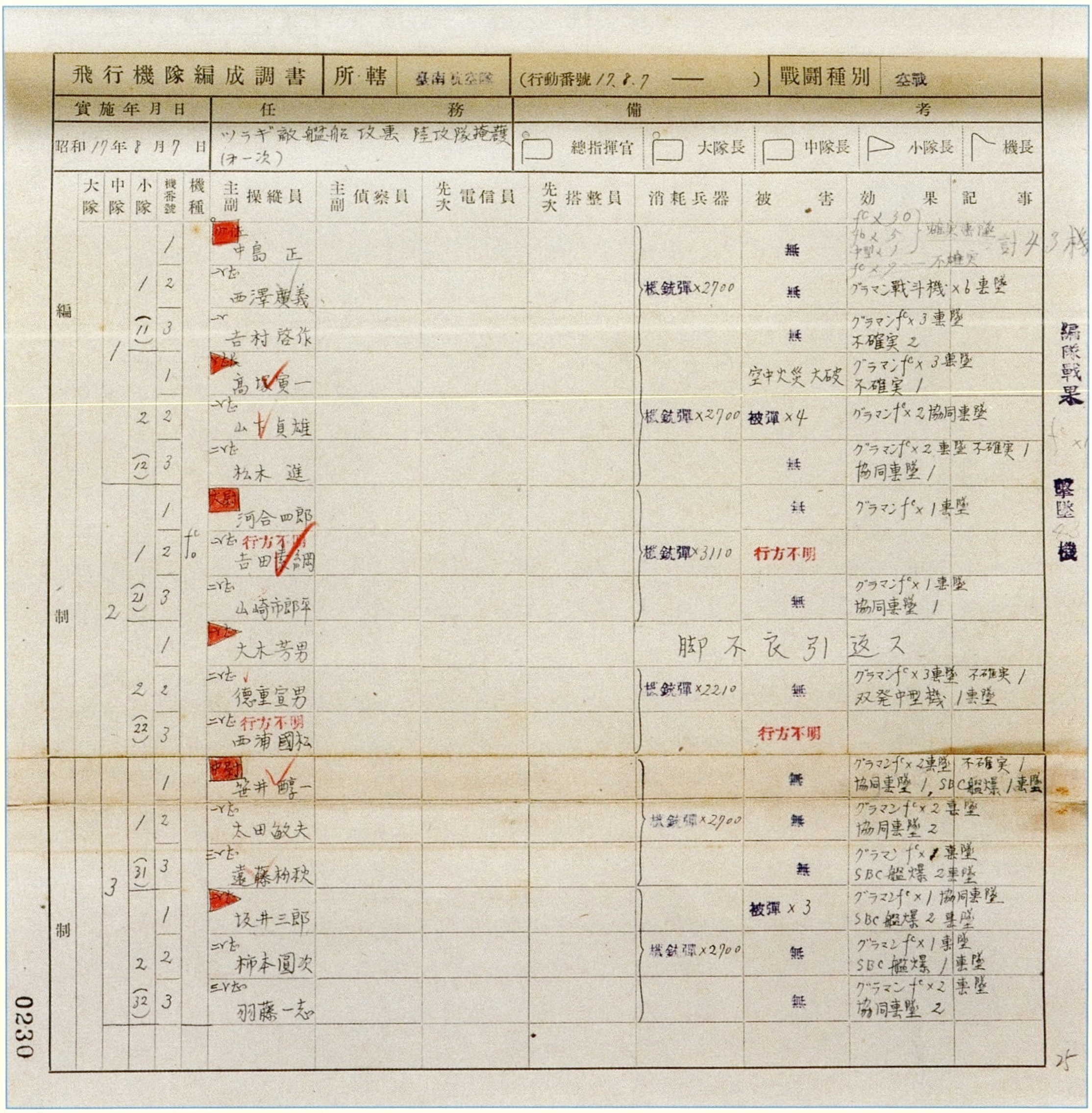

飛行機隊編成調書	所轄	臺南航空隊	(行動番號 17.8.7 —)	戰鬪種別	空戰
實施年月日	任務		備考		
昭和17年8月7日	ツラギ敵艦船攻撃 陸攻隊掩護(オー次)		總指揮官 大隊長 中隊長 小隊長 機長		

	大隊	中隊	小隊	機番號	機種	主副 操縦員	主副 偵察員	先次 電信員	先次 搭整員	消耗兵器	被害	効果記事
編		1	1	1	fc	中島 正					無	fc×30 fb×5 中型×1 確実撃墜 fc×9 不確実 計43機
				2		西澤廣義				機銃彈×2700	無	グラマン戰斗機×6撃墜
			(11)	3		吉村啓作					無	グラマンfc×3撃墜 不確実2
			2	1		高塚寅一					空中火災大破	グラマンfc×3撃墜 不確実1
				2		山下貞雄				機銃彈×2700	被彈×4	グラマンfc×2協同撃墜
			(12)	3		松木 進					無	グラマンfc×2撃墜 不確実1 協同撃墜1
		2	1	1		河合四郎					無	グラマンfc×1撃墜
				2		行方不明 吉田素綱				機銃彈×3110	行方不明	
			(21)	3		山崎市郎平					無	グラマンfc×1撃墜 協同撃墜1
制			2	1		大木芳男				脚不良引返ス		
				2		德重宣男				機銃彈×2210	無	グラマンfc×3撃墜 不確実1 双発中型機1撃墜
			(22)	3		行方不明 西浦國松					行方不明	
		3	1	1		笹井醇一					無	グラマンfc×2撃墜 不確実1 協同撃墜1, SBC艦爆1撃墜
				2		太田敏夫				機銃彈×2700	無	グラマンfc×2撃墜 協同撃墜2
			(31)	3		遠藤桝秋					無	グラマンfc×1撃墜 SBC艦爆2撃墜
制			2	1		坂井三郎					被彈×3	グラマンfc×1協同撃墜 SBC艦爆2撃墜
				2		柿本圓次				機銃彈×2700	無	グラマンfc×1撃墜 SBC艦爆1撃墜
			(32)	3		羽藤一志					無	グラマンfc×2撃墜 協同撃墜2

編隊戰果 撃墜 機

0230

坂井一飛曹、不覚の被弾３発！ しかし、奇跡の生還を果たす

昭和17年８月７日は、米第１海兵師団がガダルカナル島と対岸のツラギ島に上陸を開始した日である。日本軍は、直ちにガ島の敵艦隊に向けて攻撃を開始した。当日、爆装の「一式陸攻」27機がツラギ島の敵艦船を攻撃し台南空の「零戦」17機が掩護（えんご）した。しかし、陸攻隊の戦果は皆無だった。「零戦」隊は「Ｆ４Ｆ」11機と「ＳＢＤドーントレス」１機を撃墜したが３機が未帰還で、陸攻も５機が失われた。この戦闘で坂井一飛曹は、上掲の『飛行機隊編成調書』の下から３列めの欄に記されているように「被弾×３」を浴びて頭部に重傷を負い、ガ島攻防戦の初日に第一線を退くこととなった。［右］からくも帰還を果たし基地隊員に囲まれる坂井一飛曹。当日の搭乗機は、以前は［前ページ／下］の128号機とされていたが、現在は、渡辺洋二編著『闘う零戦』（文藝春秋社発行）所載の写真で［右］より前の時点の撮影のものの背景に見える138号機とされている。

鈴木実大尉ほかの搭乗機：十二試艦戦試作７号機（807号機）／一一型＝第十二航空隊（昭和15年７月～16年９月、中国、漢口基地）

十二空は、「零戦」が最初に配備された部隊。最初に投入された６機は、まだ「十二試艦戦」の試作機だった。後続の配備機も、艦上戦闘機型ではなく海軍が局地戦闘機として発注した40機分のうちの機体で、着艦フックをもたず翼端折り畳み機構がない機体であった。

赤松貞明少尉搭乗機：零戦五二甲型＝第三〇二空第一飛行隊（昭和20年２月、厚木基地）

三〇二空は通称“厚木航空隊”といわれ、戦争末期に首都防空を担当した部隊。第一飛行隊は「雷電」２個分隊、「零戦」１個分隊で編成され、赤松少尉は「雷電」にも乗っていたというから、胴体の撃墜マークは、彼の個人記録というよりも「零戦」分隊の126号機の共同戦果であろう。尾翼の部隊記号の下に「伊藤一整曹」と記入されていることから、この時期には各機の責任担当整備士制度が実施されていたものと思われる。

イラスト＝渡部利久

大原亮治飛曹長搭乗機：零戦三二型＝二〇四航空隊
（昭和17年10月～18年、ブイン基地）

特撮＝田中ショウリ

イラスト＝渡部利久

二〇四航空隊

二〇四空は、昭和17年11月１日付の改編で六空を改称した部隊。当初は「零戦」二一型と三二型の混成で、三二型には190番台の機番号が与えられたという。同隊の柳谷謙治飛兵長（当時）は、『飛行記録』というノートを戦後も保管していたが、それには、昭和18年４月30日から５月11日までの14回の飛行のうち、一度197号機に乗った以外は［上］のイラストの190号機に搭乗していたと記されている。［右］は18年４月18日の山本長官機直衛任務で柳谷飛兵長が搭乗した169号機で、二二型は推定。

イラスト＝保坂宗雄

谷水竹雄上飛曹（のち飛曹長）。
個人成績は18機撃墜で、これは
撃墜数ランキング第15位。

翼下に艦砲で発射する三式弾と同種のクラスター爆弾である三号爆弾を懸吊（けんちょう）した谷水機。
（特撮＝田中ショウリ）

谷水竹雄上飛曹搭乗機：零戦五二丙型＝第二〇三航空隊（昭和20年６月、九州、笠の原基地）

イラスト＝渡部利久

谷水飛兵長が胴体に撃墜マークを描いた理由は、若い隊員の士気を鼓舞するためであった。20年の４月ないし５月から描き始め、戦果は３月までさかのぼって付けたという。最上段の４発機が「B-29」で、右側の矢がクロスしたものが撃墜、左が撃破（火炎を噴く）。中段の五つのマークが小型機（戦闘機）の撃墜戦果。下段の矢がないマークは撃墜不確実を表している。

三菱製「零戦」写真集

設計・開発を手がけたオリジナルメーカー製の「零戦」

写真提供＝野原 茂／解説＝古峰文三

三菱重工名古屋航空機製作所内の試作工場で組み立て中の十二試艦上戦闘機（Ａ６Ｍ１）１号機。１号機と２号機は、三菱製「瑞星」一三型発動機を搭載しているほか、胴体が短く垂直尾翼の取り付け位置が異なる。この角度から眺めると、その位置関係を理解しやすい。機体は無塗装だが、発動機架は黒色塗装されているようだ。

十二試艦上戦闘機（Ａ６Ｍ１）の胴体前後分割部から前半部の骨組み。二組あることから１号機と２号機のものと思われる。試作機とはいえ、隔壁や肋材（ろくざい）は淡青色で塗装されている。

外鈑を張り終わって主翼と結合される十二試艦上戦闘機の胴体前半部。ＥＳＤ（「Ｅ合金」、「ザンダー合金」を参考としたジュラルミンという意味）で造られた主翼桁も淡青色で塗装されている。

結合された胴体前半部と主翼。よく見ると、胴体には防火壁が取り付け済みだ。Ａ６Ｍ１とＡ６Ｍ２（一一型、二一型）の防火壁は「０番隔壁」と呼ばれ、「１番隔壁」はその後方に置かれている。

この時点では、組み立て済みの主脚柱は無塗装とおぼしい。写真の撮影時期は、十二試艦上戦闘機第１回実物構造審査が行なわれた昭和13年12月26日よりも少し前と推定される。

A6M1 十二試艦戦試作２号機

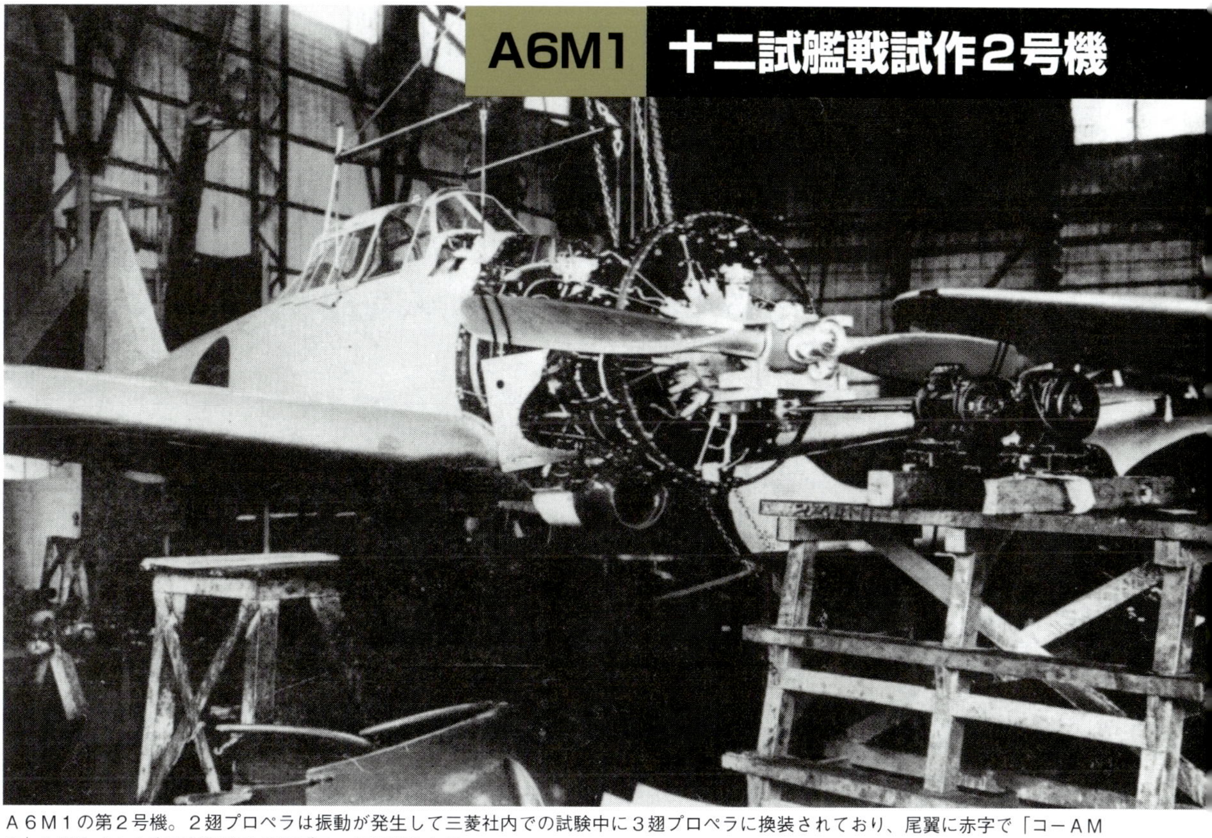

Ａ６Ｍ１の第２号機。２翅プロペラは振動が発生して三菱社内での試験中に３翅プロペラに換装されており、尾翼に赤字で「コーＡＭ２」と記入された海軍領収後は３翅プロペラ装備となる。

十二空所属の零式艦上戦闘機一一型。十二試艦上戦闘機は、漢口基地防空のために発動機を中島製「栄」一二型に換装したＡ６Ｍ２の初期量産機 40 機を、局地戦闘機として前線に送り出すことが決定された。「栄」搭載の試作機と初期量産計画の 40 機に追加生産分を含めた機体が、零式一号艦上戦闘機（一一型と改称）と呼ばれた。

A6M2b 零戦二一型（零式一号艦戦二型）

零式艦上戦闘機二一型。一見すると整備中のスナップのようだが、機体の並び方などから見て報道用に演出されたものと思われる。５人の作業員が機首を取り囲んでいるが、実際に作業をしているようには見えない。機体には簡単ながらヤシの葉で擬装が施されており、主翼の上には作業用の足場が置かれている。

内地の基地で燃料補給中の二一型。カウリングが外されていて、「栄」発動機のシリンダーとシリンダーヘッドに黒色エナメル焼き付け塗粧が施されていることが確認できる。なお、燃料車に記入された「九一揮発油」は、「航空九二揮発油」に代えて使用されたオクタン価91を標準とする戦時規格の代用燃料各種を意味する。

機首まで灰色塗粧されていることで知られる霞ヶ浦航空隊所属の二一型の１機。補助翼下面に腕付きの外装式マスバランスが見えていて、昭和16年４月の下川大尉機空中分解事故の対策として改造された初期の三菱製機であることが分かる。霞空の零戦は、映画「ハワイマレー沖海戦」に尾翼の呼称番号を変更して登場している。

前線飛行場で整備作業中の零式二号艦上戦闘機（生産終了後の昭和18年１月に三二型として制式採用）。ドラム缶を足場に作業をする上半身裸の作業員の姿にリアリティーがある。カウリングは地面に直接置かれている。三二型は、二速過給器を装備した「栄」二一型発動機の不調に悩まされ、計画性能を達成できなかった。「栄」二一型の問題点の解決には、昭和18年の中ごろまで要したようだ。

A6M3 零戦二二型（零式二号艦戦）

昭和18年４月の「い」号作戦で出撃する第五八二航空隊の零式艦上戦闘機二二型。風防枠は応急迷彩のために、胴体と接する部分のみが緑色で塗装され、そのほかの部分は灰色のままである。応急迷彩にははく離しやすい迷彩塗料が使われる。主翼付け根上面の塗装はすでにはく離したか、あるいは、最初から塗られていないようだ。

[前ページ] 車輪止めを外して滑走路へと向かう零戦二二型。20ミリ機銃は長銃身の九九式二〇粍二号固定機銃三型で、量産機のなかで機銃生産に合わせて特別に装備されたもの。二号銃装備機は、生産中止後の19年10月に武装による型式区分が採用されて「二二甲型」として区別されているが、実際に活躍していた時期には特に名称は与えられていない。

長銃身の二号銃を装備した零戦二二型の列線。これらの機体は、工場での完成時に緑色の迷彩塗粧が施されるようになって以降かなりたってから生産された後期の二二型で、完成時に描かれていた日の丸の白縁は緑色で塗りつぶされている。昭和18年夏には「栄」二一型の性能も安定し始め、前線の航空隊は旧式の二一型の補給を拒否するようになった。

零戦五二型には、二二型同様の集合排気管を装備した機体があることが早くから知られている。これらの機体は、カウルフラップの組立図にある採用機体番号の注記から、初期の生産機200機分に該当することが判明しているが、200機とはいっても、昭和18年8月から9月にかけてのごく短い期間に完成した機体のみが集合排気管を装備している。

［次ページ］集合排気管装備の五二型は、二二型のカウリングを装備したような印象を受けるが、図面などから判断すると、五二型のカウリングに集合排気管用のカウルフラップが装備されたようだ。角張った気化器導風筒開口部をもつ二二型のカウリングは、原設計の二一型のような真円の開口部を改設計したもので、応急的な対策だった。

主翼下面にドラム型弾倉の膨らみが確認できる零戦五二型。空気装填電気発射方式の九九式二〇粍固定機銃二号銃三型を装備している。住友金属製のハミルトン式定速可変ピッチプロペラのブレード先端に描かれた警戒標識は赤帯１本。胴体下面に懸吊（けんちょう）した増加燃料槽も、取り付け部のカバーが省略されていない。

ラバウル基地の五二型の列線。ソロモン方面の航空戦が激化して以降、新鋭の五二型は敵の高性能陸上機に対抗するために基地航空隊に優先配備され、母艦航空隊にはしばらく供給されなかった。前線の航空隊からは航空本部にあてて、性能面で劣る二一型ではなく高速の五二型の補給を要望する電報がしばしば打たれている。

日本ニュースが撮影したラバウル東飛行場から発進する零戦五二型。日の丸の白縁を緑色で塗りつぶした痕跡が分かる。当時のラバウルではほぼ連日にわたって、敵戦闘機、爆撃機に対する大規模邀撃（ようげき）戦闘が、昭和18年10月ごろから翌19年２月の航空部隊主力の撤退まで繰り広げられたが、五二型は空中戦ではアメリカの新鋭戦闘機とほぼ互角の戦いを展開した。

A6M5b 零戦五二乙型

昭和19年秋、フィリピンへ進出する零戦五二乙型。翼下に、陸軍の一式戦闘機「隼」や四式戦闘機「疾風」が使用したものと同系の統一型増槽二型を懸吊しているが、この翼下増槽は工場完成時の仕様ではなく、海軍領収後に航空廠で指定された機体を改造したもの。改造が施されても、胴体下面の燃料配管と切り替え装置は残されていた。

中島製「零戦」写真集

本家をはるかにしのぐ生産機数を達成した中島製「零戦」

写真提供＝野原 茂／解説＝古峰文三

中島製 零戦二一型（A6M2b）

［前ページ］試運転中の中島製二一型。胴体の日の丸に白縁があり、車輪覆いの内側は淡青色に塗粧されている。カウリングは三菱製機と同色と思われる。昭和18年にカウリング塗粧規定が簡略化されるまで、三菱と中島のカウリングは同じ塗料が塗られていた可能性が高い。

ラバウル東飛行場の応急迷彩を施した零戦二一型の列線で、胴体日の丸に白縁のある中島製機。灰色塗粧で完成した零戦は、母艦部隊や内戦部隊、蘭印方面などではそのまま使用されたが、空襲が激しい南東方面では現地部隊で迷彩が施された。灰色地を残した緑色の吹き付けによるまだら迷彩は一時的なもので、迷彩の効果を狙ったというよりは迷彩塗料の不足が理由と思われる。

中島製 零戦二一型（A6M2b）

編隊飛行する筑波航空隊の中島製零戦二一型。灰色塗粧で完成した機体に、後から迷彩塗料で塗粧を施しており、胴体上下面の塗り分けが波型となっている。台南航空隊の三二型などにも例が見られるが、再塗粧された機体では波型の塗り分けが行なわれるケースが多い。

筑波航空隊の二一型。この機体は全面黄色に塗られていた可能性がある。翼下面の日の丸に白縁があり、機首の黒塗粧が零式練習戦闘機と同様に風防まで斜めに施されているのは、黄色塗粧の名残であろう。胴体尾部のコーンは、標的えい航のため外されている。

霞ヶ浦航空隊の二一型。尾翼の呼称番号は、その機体が廃却または還納された場合に別の機体に襲名されることがある。この機体は工場完成時の胴体塗り分けが見られるので、一連の写真が残されたカウリングまで灰色に塗粧された二一型とは別の機体と考えられる。

大分航空隊の格納庫内で撮影された中島製二一型。手前の109号機は機体全面が緑色で塗粧され、脚庫付近をさらに補修している。また、練習用であるために、ブースト制限を前提にアルコール混入の航空八七丙揮発油を使用するために一部配管類などを改修していることを示す表示が、風防下に追加されている。この表示は、後方のプロペラブレードの警戒標識が赤帯１本の機体にもある。

中島製 零戦五二型（A6M5）

正面から見た中島製五二型。プロペラブレードの銘板、警戒標識がはっきり分かる。Ａ６Ｍ５系のカウリングは、気化器導風筒がカウリング内に開口していた原設計のＡ６Ｍ３のカウリングを最終的に改良したもので、角張った開口部をもつ三二型、初期二二型のカウリングに代わってＡ６Ｍ３の後期（二二型）から導入されていてもおかしくはなかったが、結果的にＡ６Ｍ５への生産切り替えを機に採用されている。

中島製 零戦五二丙型（A6M5c）

中島製五二丙型。“対グラマンＦ６Ｆ必勝”を掲げて設計が進められた五三型計画は、水メタノール噴射装置の採用延期によって発動機の強化が実現しないまま応急的な五二丙型として量産が続けられた。中島製五二丙型も三菱より少し遅れて生産が開始され、昭和20年２月に三菱の生産が六二型に切り替わった後も５月ごろまで生産が続行された。この機体は、脚柱覆いの表示が赤青赤の三段で、脚庫内が淡青色で塗粧されている。

［次ページ］沖縄特攻「菊水」作戦に出撃する中島製五二丙型特攻機。発動機出力で劣る二一型改造爆装戦闘機でも、二五番（250㎏）爆弾と翼下200ℓ増槽２個を懸吊して母艦から発進できた零戦は、発動機が強化された五二型系列では五〇番（500kg）爆弾を搭載する能力があった。昭和20年以降の五二丙型、六二型の特攻機は五〇番爆装のための改造が施され、やがては工場完成時に五〇番爆装対応装備が組み込まれた。

中島飛行機（昭和20年に第一軍需工廠と改称）小泉製作所で撮影された零戦六二型。終戦時になんらかの理由で応急的に完成させた機体と考えられる。中島飛行機では、昭和20年５月ごろから六二型に生産を切り替えたことが記録に残っている。同時に、空襲対策のために、生産を小泉から疎開工場へ移転しようとしていたが、若栗は空襲で壊滅し、ほかの工場は生産準備中に終戦を迎えている。尾翼に描かれた番号は、機体番号の末尾三桁。

「零戦」のエース列伝

**蒼空に展開された過酷な空戦を「零戦」を駆って戦い抜いた
日本海軍が誇る撃墜王トップテンのプロフィル。**

文＝秋本 實

日本海軍のエースは、そのほとんどが「零戦」を駆使して戦ったパイロットであり、ダブルエースといわれた撃墜数10機を超えるエースだけでも110名に達している。

そのなかから、撃墜数の多い順に10名を紹介することとしよう。

なお、撃墜数については、日本海軍には個人の撃墜数を記録に残す慣習がなかったために資料によってかなり違いがあり、正確な数の把握は困難である。ここでは、『日本海軍戦闘機隊』（酣燈社）に掲げられている数字を基準とさせていただいた。

●西澤廣義中尉

日本海軍のトップエースであるだけでなく日米を通じて太平洋戦争中のトップエースである西澤廣義（にしざわひろよし）は、大正９年（1920）１月27日、長野県上水内郡小川村で生まれた。少年の時から活発で積極的な気性の持ち主で、成績は常に一番であった。そして、どちらかといえば痩身（そうしん）だが骨格はたくましく、身長はクラスでも上位だったという。

南小川尋常高等小学校を終えたのち、一時、製糸工場で働いていたが、猛勉強の末に昭和11年（1936）６月、第７期乙種飛行予科練習生に採用される。14年３月に飛行練習生課程を卒業した西澤は、さらに、大分空で戦闘機課程の教育を受けたのち、大村空、鈴鹿空を経て千歳空に配属され、内南洋のタロアで開戦を迎えた。

初戦果を記録したのは、千歳空のラバウル派遣隊の一員として、ルオットからラバウルに進出した直後の17年２月３日の夜間迎撃戦で、１機を撃墜している。ただし、この時の搭乗機は「九六式艦戦」であった。「零戦」で初戦果を記録したのは、千歳空戦闘機隊が四空に編入されて間もない翌３月14日のホーン島攻撃の時で、西澤一飛曹が所属する第２中隊は「Ｐ－40」８機（うち不確実２機）を撃墜したが、このうち４機が西澤の戦果であった。

４月１日、四空戦闘機隊は台南空に編入され、西澤も台南空の一員となった。以後、二五一空、二五三空と転じながらソロモンの空で戦い続けた西澤は、12月24日に13機を率いて発進し、協同で「Ｂ－25」３機と「Ｐ－38」７機（12機ともいう、うち不確実１機）を撃墜した。これが二五三空における西澤の最後の戦果で、すでに10月19日付で大分空転属を命ぜられていた西澤は、12月28日の哨戒出撃を最後に１年８カ月にわたるラバウルでの戦いを終えて内地に帰還し、11月１日付で飛曹長に昇進する。

撃墜数87機と認定される天才的戦闘機乗りの西澤廣義中尉。

大分空で後輩戦闘機搭乗員の教育に従事したのち、

19年２月、厚木基地の二〇三空戦闘第三〇三飛行隊に転属となって北千島方面に進出したが、同年10月、捷（しょう）一号作戦の発動に伴って比島のクラーク基地に転じた。

10月25日、西澤は、神風特別攻撃隊敷島隊の直掩（ちょくえん）隊長として出撃して「Ｆ６Ｆ」１機を撃墜し、翌26日、愛機をセブ基地の特攻隊に引き渡して一〇二一空の「一式陸上輸送機」に便乗してマニラ郊外のマバラカット基地に向かった。だが、ミンドロ島北端のプエルト・ガレラとカラパンの中間で空母「ワスプ」のＶＦ−14の「Ｆ６Ｆ」２機に遭遇し、ハロルド・Ｐ・ニュウェル中尉の近距離からの攻撃で輸送機が撃墜され、24歳10カ月の生涯を閉じた。

撃墜数については、18年６月末までは、台南空の「飛行機隊戦闘行動調書」（以下、「行動調書」と略記）に単独撃墜と協同撃墜に分けて記載されているが、それ以降は中隊あるいはその日の出撃機全体の協同の戦果として記載されるようになったために、正確な単独撃墜数を知ることはできない。

戦死後、西澤は、連合艦隊司令長官から全軍布告二階級特別進級の栄誉を受け、海軍中尉に任ぜられた。その布告には、協同撃墜29機、協同撃破429機、単独撃墜36機、単独撃破２機と記されている。この数字は「行動調書」などに記されている数字を集成したもので、西澤の戦果については、このほかにも「147機」（家族への手紙）、「150機以上」（戦死時の新聞報道）が伝えられるが、二五三空を去る時に二五三空飛行隊長・岡本少佐に報告した86機に最後の敷島隊直掩の時の１機を加えた87機が妥当な数字と見られている。

ラバウルで西澤は、報道班員だった日本映画社の吉田一カメラマンに、「敵を落とすまではこの野郎と殴りかかっていくのですが、そいつが火を噴いた途端にかわいそうになるんですよ」と語ったという。

●岩本徹三中尉

西澤中尉に勝るとも劣らないエースといえるのが、「虎徹（こてつ）」と自称し、背中に「天下の浪人零戦虎徹」と大書したライフジャケットを着用して戦った岩本徹三（いわもとてつぞう）中尉である。

大正６年（1917）に樺太で警察官の三男として生まれ、樺太と北海道で少年時代を過ごした岩本は、昭和４年（1929）、父の退官に伴って島根県の益田町に転居する。９年３月に島根県立益田農学校を卒業した岩本は、両親に内緒で海軍に応募して合格し、６月１日に呉海兵団に四等水兵入団した。そして、11月には三等水兵に昇進して軍艦「扶桑」に乗艦し、翌10年２月には第31期普通科整備術練習生として霞ヶ浦（かすみがうら）航空隊に入隊する。

そして、８月に同課程を終えると、三等整備兵として空母「龍驤」乗組を命ぜられ、11月には二等整備兵に昇進し、翌11年４月、第34期操縦練習生として霞ヶ浦空で操縦教育を受けることとなる。同年12月26日に第34期操練の課程を卒業して一等航空兵に昇進し、佐伯空に配属された。

「天下の浪人零戦虎徹」こと撃墜数約80機の岩本徹三中尉。

その後、大村空を経て13年２月に十二空に転じる。最年少の操縦者であったが、初陣の同月25日の南昌攻撃で５機を撃墜して早々にエースの仲間入りを果たす。以後、９月までの間に14機を撃墜し、日中戦争における海軍のトップエースとなった。

太平洋戦争開戦時は一飛曹で空母「瑞鶴」の戦闘機隊に配属されており、ハワイ海戦の時は母艦直衛に従事していて真珠湾には進攻しなかったが、インド洋作戦では17年４月９日、機動部隊に来襲したコンソリデーテッド「ＰＢ４Ｙカタリナ」飛行艇を列機とともに撃墜し、「零戦」による初戦果を記録した。

続いて珊瑚（さんご）海海戦に参加したのち、大村空、横須賀空、追浜空を経て二八一空に転じ、間もなく飛曹長となる。18年11月10日、二八一空派遣隊として北千島からソロモンに進出。そして、二〇一空、二〇四空、二五三空と転じながら、翌19年２月にトラックに転進するまでソロモンの空で戦い続けた。

岩本は愛機の後部胴体に桜の撃墜マークをかき入れていたが、19年１月ごろにはその数は60を超え、遠くから見ると胴体の後部は桜色に見えたという。

その後、内地に帰還し、三三二空を経て、19年９月に二五二空の戦闘第三一六飛行隊に転じ、台湾沖航空戦や比島決戦に参加した。11月には少尉に昇進し、戦闘第三一一飛行隊付となる。20年3月に六〇一空戦闘第三〇三飛行隊に編入されたが、同年6月に二〇三空に転じ、沖縄決戦に参加後、本土決戦に備えた態勢で終戦を迎えた（終戦後、中尉）。

岩本は、トップテンのなかでは武藤中尉に次ぐ長い空戦歴の持ち主で、垂直降下による一撃での撃墜を得意としていたが、三号爆弾による攻撃法をマスターしたのちはこれを活用し、8機で「B－24」16機を一挙に撃墜破するなど大きな戦果を収めている。

撃墜総数は、回想記によると202機（うち142機はラバウルにおける戦果）だが、正確には80機前後と見られており、西澤中尉を上回っている可能性もある。「虎徹」と自称したことから豪傑肌の人物と思われているが、遺稿となった3冊のノートからは、非常にきちょうめんな理知的で繊細な性格だったことがうかがわれる。

●杉田庄一少尉

岩本中尉を戦前派のパイロットとすれば、エース第3位の杉田庄一（すぎたしょういち）少尉は、昭和17年（1942）3月に丙飛3期を卒業して六空に配属された戦中派のパイロットである。

大正13年（1924）に新潟県の磯部山の中腹の農家に生まれ、昭和15年に農学校を中退して海軍に志願し、17年3月に丙飛3期を卒業して六空（のち二〇四空）に配属された。

同年12月1日のブイン迎撃戦の際に、単機で「B－17」に挑んで体当たりで右翼を切断して撃墜して生還したのが初戦果という、闘志の塊のような戦闘機乗りで、翌18年4月18日に山本五十六長官が戦死した時の6機の護衛戦闘機のうちの1機としても知られている。

この戦いで杉田飛行兵長は「P－38」2機を撃墜したが、護衛戦闘機隊の健闘もむなしく山本長官機は撃墜されてしまう。その後、6機の護衛戦闘機の搭乗員たちは、森崎中尉らが次々に戦死し、柳谷飛行兵長が負傷して戦場を去り、7月には杉田一人になってしまった。8月26日、杉田機はブイン上空の迎撃戦で被弾・炎上し、落下傘で脱出して生還はしたものの、全身大やけどの重傷を負って内地に送還される。

傷が癒えたのちは徳島空や大村空で教員生活を送っていたが、19年3月に二六三空に編入されて、マリアナ、カロリンと中部太平洋を転戦した。19年7月には二〇一空戦闘第三〇一飛行隊に転じて比島捷（しょう）号航空戦に参加。20年1月、戦闘第三〇一飛行隊は三四三空（2代目）に編入され、搭乗機も「紫電改」に替わった。

杉田は本土防空戦や沖縄航空戦に奮闘したが、4月15日の迎撃戦闘で発進中に奇襲攻撃を受けて戦死した。戦死後、その功績が全軍に布告され、二階級特進して少尉となった。布告では、単独撃墜70機、協同撃墜40

戦死とともに全軍布告、二階級特進の栄に浴した杉田庄一少尉。

機とされているが、実際には、単独、協同合わせて70機前後と見られている。

猪突（ちょとつ）猛進、豪放磊落（らいらく）な性格で、闘志の権化のような戦闘機乗りであった。

●坂井三郎中尉

“大空のサムライ”の名で知られる坂井三郎（さかいさぶろう）は、大正5年（1916）佐賀県の生まれ。昭和8年（1933）5月に佐世保海兵団に入団し、砲術員として戦艦「霧島」、「榛名」に乗組。12年11月に第38期操縦練習生を首席で卒業して三空曹となり、佐伯空、大村空、高雄空を経て、13年9月、中支で作戦中の一二空に配属された。

翌10月5日の漢口攻撃の際に、「九六式艦戦」で「I－16」1機を撃墜したのが初戦果で、16年8月11日の成都攻撃で「I－15」1機を撃墜したのが「零戦」による初戦果である。

なお、この時は協同撃墜だったが、10日後の21日に成都上空で「I－16」1機を撃墜して、「零戦」による単独撃墜の第1号を記録した。

16年9月、いったんは台南空配属予定者として高雄空に配属されたのち、10月1日、台南空の新編に伴って同隊に配属されて開戦を迎える。

坂井は、開戦当日の12月8日に比島のクラークフィールド攻撃で「P－40」1機を撃墜したのを皮切りに、比島、蘭印を転戦し、17年4月にはラバウルに進出して、ラエを基地としてモレスビー攻撃などに参加した。

ガダルカナル航空戦初日の8月7日、同島上空で、「ＳＢＤ」2機と「Ｆ４Ｆ」1機を撃墜後、「ＳＢＤ」

現在も世界で最も知られる日本の撃墜王、坂井三郎中尉。

の旋回機銃により頭部に被弾し重傷を負うが、必死に飛び続けて無事にラバウルに帰還した。

18年4月、大村空を経て横須賀空に転じた坂井は、6月から7月にかけて硫黄島迎撃戦に参加して「F6F」5機を撃墜し、その腕のさえを示している。7月に戦闘第七〇一飛行隊付を命ぜられた坂井は、8月には少尉に昇進し、二〇三空を経て12月に三四三空に配属されたが、負傷による視力の低下はいかんともしがたく、空戦には参加せずに後輩の指導にあたった。20年6月、ふたたび横須賀空に転じて終戦を迎える。

撃墜数は64機といわれるが、「行動調書」によると、17年8月7日に負傷するまでの単独撃墜は22機、協同撃墜は43機である。

坂井の著書と「行動調書」を見比べると日時や編成などに一致しない点もあるが、これは『大空のサムライ』のベースになった『坂井三郎空戦記録』が執筆された時点で『行動調書』や『戦闘詳報』が公開されておらず、日誌なども失われていたために、坂井が自分の記憶だけを頼りに記述したからである。

坂井が成し遂げた、200回を超える出撃で一度も列機を失わなかったという記録はほかに例がなく、世界空戦史上、特筆すべき偉業である。それに加えて、昭和28年に『坂井三郎空戦記録』を出版し、敗戦によってアメリカ人には及ばないと落ち込んでいた日本人に、日本人だってやればやれるのだという自信と誇りを与えたことも忘れてはならない。

●奥村武雄飛曹長

奥村武雄（おくむらたけお）は、大正9年（1920）2月27日に福井県で生まれた。昭和10年（1935）に呉海兵団に入団し、13年9月に第42期操練を卒業。15年3月に十四空に配属されて南支戦線に出動し、初陣の10月7日の昆明攻撃で4機の撃墜を記録している。

17年7月には、空母「龍驤」に転じてソロモン戦線に出動。8月24日の第二次ソロモン海戦では、ガダルカナル島飛行場攻撃に参加し、被弾して不時着したために一時は行方不明とされたが、救助されて生還を果たした。

この海戦で「龍驤」が沈没したのち、奥村は台南空に配属され、9月上旬から10月末にかけてガダルカナル島攻撃に参加して14機（公認）を撃墜している。

同年12月にいったん内地に帰還するが、二〇一空に配属されて翌18年7月にブインに進出する。奥村は、連日のように中部ソロモン方面への進攻とブイン基地迎撃戦に奮闘し、9月14日午前のブイン迎撃戦では、5回にわたる空戦で単独で戦闘機8機、艦爆1機、協同で「B-24」1機の合計10機を撃墜する。この記録は非公認ではあるが、太平洋戦争における一日あたりの最高撃墜数とされている。これをたたえて奥村には、草鹿南東方面艦隊司令長官から「武功抜群」と記した白鞘（しらさや）の軍刀が授与された。

1週間後の9月22日、奥村は河合四郎大尉に率いられてラバウルを発進しクレチン岬沖の敵船団の攻撃に向かい、悪天候下で50機の敵機と交戦して行方不明となり、戦死と認定された。

明朗快活な性格で、空戦技術は天才的であった。撃墜数は日中戦争で4機、ソロモンで50機とされているが、いずれも「零戦」による戦果である。

●太田俊夫飛曹長

太田俊夫（おおたとしお）は、大正8年（1919）に長崎県で生まれ、昭和10年（1935）に佐世保海兵団に水兵として入団したのちに第46期操縦練習生となり、14年9月に卒業して戦闘機操縦員となった。大村空、谷田部空を経て、16年6月に十二空に配属されて漢口に進出したが、空戦の機会に恵まれないまま同年10月、台南空に編入されて開戦を迎える（二飛曹）。

開戦当日の12月8日にルソン島進攻に参加しているが、戦果はない。その後も戦果には恵まれなかったようで、台南空の「行動調書」を見ると、協同撃墜の記録はいくつかあるものの単独撃墜の記録は見当たらない。翌17年1月29日、太田はバリクパパン上空での「B-17」との空戦で被弾して重傷を負い、一時、戦列から離れた。

傷も癒え、同年4月に笹井中隊の一員としてラバウルに進出した太田一飛曹は、18日のポートモレスビー

左が太田俊夫二飛曹（当時、のち飛曹長）。撃墜数34機はすべて公認記録である。右は西澤一飛曹（当時、のち中尉）。

攻撃で「Ｐ－40」４機（うち不確実１）を撃墜したのを皮切りに、西澤や坂井と撃墜スコアを競いながら、次々に戦果をあげていく。しかし、10月21日のガダルカナル島進攻の際に、「Ｆ４Ｆ」１機を撃墜後に行方不明となって戦死と認定された（戦死後、飛曹長に昇進）。

前日までに公認されていた撃墜数は34機に達しており、これに最後の戦果を加えると35機となって、この時点では笹井中尉や西澤一飛曹の公認数を上回っている。４月以降、特に８月から10月にかけての撃墜ペースから見て、もう少し生き永らえていれば西澤や岩本に匹敵する戦果を記録したものと思われる。

常に微笑を絶やさぬ温厚な性格で戦友たちから愛されたが、内には並々ならぬ闘魂を秘めており、ラエ上空で「Ｂ－17」を１時間以上も追撃して撃墜したことがあったという。

●杉野計雄飛曹長

杉野計雄（すぎのかずお）は、大正10年（1921）に山口県小野田市で誕生した。小さいころからスポーツ万能で、特に水泳は得意だったという。赤崎小学校から小野田実業学校に進み、昭和13年（1938）に小野田セメントに入社したが、翌14年６月、志願して呉海兵団に機関兵として入団する。

そして、海兵団を卒業後、駆逐艦「黒潮」乗組となって厦門（アモイ）作戦に参加したのち、16年２月に第３期丙種飛行予科練習生となり、谷水武雄三等水兵（のち飛曹長）、杉田庄一三等水兵（のち少尉）らとともに操縦を学んだ。

17年３月、杉野は第17期飛行練習生課程（大分空戦闘機課程）を終了し、同年６月に六空に配属された。ミッドウェー海戦の時は、占領後にミッドウェー島に進出する予定で空母「赤城」に乗り組んでいたが、空戦の機会はなく、「赤城」沈没後に海上から救助されて生還している。

７月、杉野三飛曹は空母「春日丸」（８月に「大鷹」と命名）乗組となり、船団護衛、飛行機輸送に従事したのち、10月に大村空の教員になるが、翌11月に佐世保軍港防衛戦闘機隊の編成に伴いその一員となった。

18年２月、空母「翔鶴」乗組となり、トラック島に進出して分隊長・小林保平大尉のもとで空戦と戦闘爆撃法の猛訓練を受けた。

11月１日、「翔鶴」飛行機隊は「ろ」号作戦に参加するためにラバウルに進出し、杉野は翌２日、初陣の空戦で３機（「Ｂ－25」、「Ｂ－26」、「Ｐ－38」）を撃墜し初戦果を記録した。

「ろ」号作戦終了後、「翔鶴」飛行機隊はトラック島に引き上げて戦力回復に入ったが、マーシャル方面の戦局が悪化したために休む間もなく同月26日にルオットに進出し、翌12月上旬にふたたびトラックに帰った。

12月中旬、ラバウル増援のために、「瑞鶴」、「翔鶴」、「瑞鳳」の戦闘機隊から７機ずつを抽出して「瑞鶴」戦闘機隊ラバウル派遣隊（21機）が編成され二五三空に編入された。杉野上飛曹は主先任搭乗員として、19

年３月に内地に帰還するまでソロモンの空で奮闘を続ける。

このころの杉野の眼光は隊長もたじろぐほど鋭かったが、部下を殴ることを固く禁じ、戦闘はむちゃくちゃ強く内務は底抜けに楽しくを合言葉に部下たちと接したために、隊内の雰囲気は明るかったという。

本土に帰還後は、教員として筑波空に勤務したのち、19年８月に六三四空戦闘第一六七飛行隊に転じて、台湾航空戦、比島航空戦に参加した。11月に比島方面戦闘機隊先任搭乗員となり、20年２月に台湾に引き上げるまで比島の空で戦い続けた。このころ、杉野がペットとして飼っていた太郎と名付けられたポケットモンキーは隊内の人気者で、殺伐とした戦場の空気を和らげたという。

博多空で終戦を迎えている。

●石井静夫飛曹長

石井静夫（いしいしずお）は、大正９年（1920）に福井県で生まれ、昭和12年（1937）に海軍に入った。整備員から操縦に転じ、15年６月に50期操縦練習生の課程を終えて、翌16年４月に中支戦線の十二空に配属されている。

翌５月22日の成都攻撃でソ連の「ＳＢ」爆撃機１機を撃墜したのが初戦果で、同年９月に十二空が解隊されて台南空に転じるまでに、さらに２機を撃墜した。

太平洋戦争開戦後は、比島、蘭印を転戦したのち、17年４月に大村空に転じたが、９月に「隼鷹」乗組となって、翌10月に南東方面に出動し南太平洋海戦に参加した。以後、18年９月１日に「隼鷹」飛行機隊がいったん解隊されるまでの間、ソロモン、東部ニューギニア方面の空で奮闘するが、この間、ラバウル、ウエワク、ブインの陸上基地に進出したこともあった。

石井は出足の速い俊敏なパイロットで、18年１月のウエワク輸送船団の掩護（えんご）の際に来襲した「Ｂ−24」を単機で２機撃墜するなど、大型機の撃墜を得意としていた。

18年９月に二〇四空に転じてブインやラバウルの攻防戦に奮闘し、翌10月24日にラバウル上空の迎撃戦で戦死するまでの約１カ月半の間に17機を撃墜（うち協同４機）している。９月23日のビロア攻撃の際に、二〇四空は27機で迎撃してきた敵戦闘機と空戦を展開して13機を撃墜したが、このうち５機（うち協同１機）が石井の戦果であった。

撃墜総数は29機（公認）である。

●武藤金義中尉

武藤金義（むとうかねよし）は大正５年（1916）に愛知県で生まれ、昭和10年（1935）に機関兵として呉海兵団に入団、半年後に第32期操縦練習生に合格し、卒業して大村空に配属された。日中戦争の勃発（ぼっぱつ）によって十三空に編入され、初陣の昭和12年12月４日の南京攻撃で初戦果を記録している（「Ｉ−16」１機）。その後、十二空に転じて翌13年10月まで南京、南昌、漢口の空戦に参加したのちに内地に帰還し、大分空、鈴鹿空、元山空を経て16年３月に三空に配属された。

横山飛行隊長の２番機として比島、蘭印航空戦に参加後、17年４月に元山空戦闘機隊（二五二空）に転じ、11月にラバウルに進出し、翌18年３月までソロモン、東部ニューギニア方面の航空戦に参加。18年10月、横須賀空に転じ、翌11月に飛曹長に昇進し主として「紫電」や「雷電」の飛行実験に従事していたが、19年６月、マリアナ進攻に伴って硫黄島に進出し、翌７月３、４日の迎撃戦に奮闘した。

20年２月17日の敵艦上機迎撃戦では、「紫電改」を駆って出撃し、厚木上空において単機で12機の「Ｆ６Ｆ」と戦って４機を撃墜し、“空の宮本武蔵”とうたわれた。翌３月には長女凱子が誕生して父親になっている。６月末、源田司令に請われて杉田少尉の後任として三四三空に転じたが、７月24日に豊後水道上空で戦死。

撃墜総数は日中戦争の５機を含めて28機と推定されている。空戦歴は７年８カ月でトップテンのなかでは最も長く、初戦果も一番乗りだった。

明朗快活で誰からも親しまれており、残された手紙から非常に家族思いの温かい人柄であったことがうかがわれる。

●笹井醇一少佐

笹井醇一（ささいじゅんいち）は、大正７年（1918）２月13日、海軍造船大佐・笹井賢二の長男として東京で生まれた。

海兵時代の“軍鶏（シャモ）”というニックネームどおりの闘志あふれる戦闘機乗りであったが、幼いころは病弱であった。特に胃腸が弱く、母親がホウレンソウを裏ごしにして食べさせたという話も伝えられている。頭脳は明晰（めいせき）で、当時、名門中の名門といわれた東京府立第一中学校へ進んだころから、積極的に柔道で体を鍛えて見違えるように健康になった。

海兵を卒業して昭和15年（1940）５月１日に海軍少尉に任官した笹井は、第35期飛行学生となって、翌16年11月、第35期飛行学生の教程を終えて台南空に配属された。

開戦当日の12月８日は台南基地の上空哨戒に従事した笹井は、翌々日の10日にデルカルメン攻撃に加わったが途中で引き返し、12日のイバ攻撃でも戦果をあげることができなかった。翌13日にニールソン飛行場攻撃で列機と協同で１機を撃墜（不確実）したものの、翌17年２月３日のマジュン攻撃で「Ｐ−39」１機を協

「ラバウルのリヒトホーヘン」と称された笹井醇一少佐。

同で撃墜するまでは戦果に恵まれなかった。２月18日のスラバヤ周辺攻撃で「Ｐ−40」１機を撃墜し、待望の単独撃墜の第１号を記録している。

蘭印作戦を終えた台南空は、４月中旬に海路ラバウルに進出する。笹井中尉はその船中で病に倒れた坂井一飛曹を親身になって看病したが、上下関係が厳しい海軍で士官が下士官を看病するというのは異例のことであった。“軍鶏”といわれた激しい気性からは考えられない温かみのある行為だが、笹井家の家庭環境が笹井のこうした人間性をつくり上げたのである。そして、幼いころに病弱故に母親やお手伝いさんに慈しみ育てられた記憶が、病に苦しむ坂井を見捨てておけない気持ちを駆りたてたのであろう。

ラエに進出して４月21日からポートモレスビー攻撃に参加した笹井は、24日のポートモレスビー進攻の際に、単独で「Ｐ−40」１機、中隊協同で３機を撃墜したのを皮切りに、次々に戦果を積み重ねていった。開戦当時と比較すると見違えるような戦い振りであるが、ひなだった軍鶏が一人前に育ったということであろう。

８月７日の最初のガダルカナル島進攻戦では、単独で「Ｆ４Ｆ」３機（うち不確実１機）、協同で「Ｆ４Ｆ」１機と「ＳＢＤ」１機を撃墜した。この戦いで坂井一飛曹が重傷を負って戦列を離れたのちは「坂井の分まで戦うのだ」と言って出撃するなど、笹井中尉の戦いぶりは、まさに軍鶏の面目躍如たるものがあったという。

８月26日、ガダルカナル島攻撃陸攻隊の掩護（えんご）を命ぜられた笹井中尉は、９機を率いてラバウルを発進した。基地・泊地・船団などの上空哨戒（30回）を含めると、この日は笹井中尉にとって96回目の出撃で、指揮官機としての出撃は16回目であった。

午前10時過ぎにガダルカナル島上空に到着した「零戦」隊は、待ち構えていた15機の「Ｆ４Ｆ」と空戦に入った。約50分間にわたる敵味方入り乱れての乱戦が終わって「零戦」隊は集結したが、笹井機の姿は見当たらなかった。

笹井中尉の最期の状況は不明だが、米海兵隊のマリオン・カール大尉に撃墜されたと推定されている。戦死直前の手紙には、「撃墜数は54機に達している。間もなくリヒトホーヘンの記録を破れるだろう」と記されていたという。

戦死後、笹井の殊勲は全軍に布告され、二階級特進の栄に浴し海軍少佐に任ぜられたが、布告には、単独戦果は撃墜27機、協同戦果は撃墜187機、炎上16機、撃破25機と記されている。54機と27機とでは大きな開きがあり、54機という数字は、個人の空戦記録にありがちな過大算定と誤解されやすいが、「行動調書」に記載されている戦果を集計してみると、協同撃墜を含む笹井の戦果は、８月18日には73機（単独撃墜12機、協同撃墜61機）に達している。なお、８月19日から戦死前日の25日までは戦果がなく、26日の戦果は不明であるので、これが笹井中尉の最終公認スコアということになる。したがって、協同撃墜を含めれば過大算定とはいえないだろう。率直、純粋、そしてまじめな性格から考えても、事実を偽って過大な数字を手紙に記したとは思えない。

笹井以外に下士官兵の宿舎を訪れて彼らをねぎらった士官はいなかったこと、自分たち士官と下士官兵の食事に大きな差があることを知って憤慨したこと、内地に送還される坂井一飛曹を涙で見送ったことなど、笹井の人柄を伝えるエピソードには事欠かない。

もし、笹井が戦死せずに戦い続けたならば、海軍戦闘機隊のなかでも屈指の名指揮官になったことは確実であり、笹井を失ったことは、戦闘機隊だけではなく日本海軍全体にとっても大きな損失であったといえよう。いずれにせよ、笹井の撃墜数は、日本海軍の海兵出身の戦闘機搭乗員のなかでは最高記録である。

＊

これらの人々に続く撃墜王としては、戦闘機歴14年という古つわものの赤松貞明（あかまつさだあき）中尉（約27機、自称350機）、「零戦」と「紫電改」を駆って奮闘した三四三空の菅野直（かんのなおし）中佐（25機）、ラバウルで13日間に18機を撃墜するという日本最高の高密度撃墜記録を打ち立てた荻谷信雄（おぎやのぶお）少尉（24機）などがいる。

（あきもとみのる・航空史研究家）

「零戦」の戦歴　第一章

「零戦」、太平洋を制覇す

中国戦線での華々しい初戦果から太平洋戦争開戦劈頭のハワイ作戦、比島・蘭印方面への快進撃、そして運命のミッドウェー開戦まで。

文=秋本 實

初陣、中国大陸上空の快挙

三菱「十二試艦上戦闘機」が「零式艦上戦闘機」として制式採用される三日前の1940年（昭和15）7月21日、第十二航空隊に配属された「十二試艦戦」の第一陣の6機が横山保大尉に率いられて中国の漢口基地に進出した。続いて、進藤三郎大尉以下9機も進出し、15機の「零戦」が漢口基地に勢ぞろいした。

制式採用が目前に迫っていたとはいえ、実用実験中の新鋭機の前線への投入は異例ともいえる措置であった。これは、航続力の短い「九六式艦上戦闘機」では中国の奥地に進攻する陸攻隊を十分に掩護（えんご）することができずに被害が続出していたためで、現地部隊はすぐにでも出動することを希望していたが、当時、「十二試艦戦」はまだいくつかの問題点を抱えており、上層部からの矢の催促にもかかわらず、横山大尉らは問題が解決するまでは頑として出動に応じなかった。

この間の7月24日に「十二試艦戦」は「零式艦上戦闘機」として制式採用され、約1カ月後の8月19日、機材の調子も搭乗員の錬度も万全という状態で初陣の日を迎えることになる。

この日、横山大尉の率いる12機が54機の陸攻とともに重慶に進攻したが、敵を見ることはなく、翌20日の第2回出撃（進藤大尉以下12機）も9月12日の第3回出撃（横山大尉以下12機）も同様であった。しかし、9月12日に「九八式陸上偵察機」が撮影した写真には32機の敵戦闘機の姿が写っていて、敵戦闘機は「零戦」隊と陸攻隊の進攻を察知すると退避していることが判明した。

翌13日、進藤大尉以下13機は陸攻隊の攻撃が終わるといったんは重慶上空を去ったが、残留した陸偵から敵戦闘機出現の報告が入ると直ちに反転し、「I-15」、「I-16」合わせて27機の敵戦闘機群を遠巻きに包囲して大半を撃墜した。この日は13機全機が撃墜を記録しており、抜群の航続力を誇る「零戦」と熟練搭乗員の組み合わせならではの戦果であった。

その後も十二空「零戦」隊は兵力を増強しながら重慶、成都、蘭州などの攻撃に参加し、この間、仏印に進出中の第十四航空隊にも「零戦」が配備され、昆明方面の進攻作戦に活躍した。

そして、翌41年9月15日、十二空と十四空は解隊したが、この間に「零戦」隊のあげた戦果は撃墜103機、地上撃破163機に達した。損失は地上砲火で3機を失ったのみで、空戦で撃墜された機体は皆無であった。

昭和15年9月13日の十二空進藤分隊の編成と戦果

飛行隊指導官	中隊名	中隊長	小隊名	小隊長	機番号	官職	氏名	撃墜機数
進藤大尉	1S	進藤大尉	1D	進藤大尉	一六一	大尉	進藤三郎	1
					一六六	一空曹	北畑三郎	2
					一六七	二空曹	大木芳男	4
					一六九	二空曹	藤原喜平	1
			2D	山下空曹長	一七一	空曹長	山下小四郎	5
					一六五	二空曹	末田利行	1
					一七三	三空曹	山谷初政	2
	2S	白根中尉	1D	白根中尉	一七五	中尉	白根斐夫	1
					一六二	一空曹	光増政之	2
					一六三	二空曹	岩井勉	2
			2D	高塚一空曹	一七八	一空曹	高塚寅一	3
					一七〇	二空曹	三上一禧	2
					一七六	三空曹	平本政治	1

十二空の「零戦」一一型。十二空と十四空の「零戦」隊は、昭和16年９月に解隊するまでの１年余りで撃墜総数103機の戦果をあげた。

交戦相手のほとんどが性能が劣っていたとはいえ、空戦史に残る快挙である。

ハワイ作戦、空母「零戦」隊活動開始

●ハワイ海戦

1941年12月８日のハワイ海戦に参加した第一航空艦隊の空母（「赤城」、「加賀」、「蒼龍」、「飛龍」、「翔鶴」、「瑞鶴」）には、常用、補用合わせて126機の「零戦」が搭載されていたが、これは当時、海軍が機動部隊に配属できた「零戦」のすべてであった。また、20㎜機銃の弾薬に至っては、生産が間に合わずに定数を割っていた。質はともかく、量の点ではぎりぎりの状態で戦いに臨んだわけである。

そして、このうちの43機が第一次攻撃隊の制空隊、35機が第二次攻撃隊の制空隊として出撃し、迎撃してきた敵戦闘機を撃墜して制空権を確保するとともに、ホイラー、カネオへ、ヒッカム、エバ、ババーズポイント、ベローズなどの飛行場に地上銃撃を敢行して在地の敵機を撃破・炎上させた。「零戦」隊の損失は、第一次攻撃隊が３機、第二次攻撃隊が６機の合計９機であった。なお、母艦に残留した「零戦」は、攻撃隊の発進直後から攻撃隊を収容して帰途に就くまでの間、機動部隊上空の警戒に従事した。

●ウェーク島攻撃

真珠湾攻撃の帰途、第二航空戦隊の「蒼龍」、「飛龍」は、12月21日から23日までの三日間にわたってウェーク島に攻撃を敢行した。21日には18機、22日には６機、23日には延べ20機の零戦が攻撃に参加し、22日にはグラマン「Ｆ４Ｆワイルドキャット」２機を撃墜してグラマンとの初空戦で勝利を収めている。

驚異の長距離航空撃滅戦　基地「零戦」隊の奮闘

●比島航空撃滅戦

一方、比島、マレー方面に対する進攻作戦を担任した基地航空隊の零戦の定数は、台南空と三空がそれぞれ45機（ほかに「九六式艦戦」12機）、二十二航戦戦闘機隊が27機（ほかに「九六式艦戦」９機）で、南方進攻作戦に投入された「零戦」の総数は117機であった。これが精いっぱいの数で、20㎜機銃の弾薬も空母「零戦」隊と同じように十分ではなかった。

台南空と三空の「零戦」は、12月８日から高雄空、鹿屋空、一空の陸攻とともに比島で航空撃滅戦を展開した。この日、鹿屋空と高雄空の陸攻とともにルソン島に進攻した台南空の「零戦」36機は、クラーク、デルカルメン両飛行場を襲って９機以上を撃墜し約60機を地上で撃破した。一方、三空の「零戦」53機（うち２機は引き返す）は、高雄と一空の陸攻とともにルソン島のイバ飛行場に進攻し、撃墜10数機、地上撃破20数機という戦果をあげた。「零戦」隊の損害は、台南空が５機、三空が２機に過ぎなかった。

この日の攻撃によって比島の敵航空兵力はほぼ壊滅したが、比島に対する航空撃滅戦は10日、12日、13日と繰り返された。

昭和16年12月８日、真珠湾攻撃の「赤城」第二次攻撃隊の発進。滑走中の「零戦」（AI-102）に搭乗するのは元十二空の進藤三郎大尉。

昭和16年12月23日、ハワイ作戦、マレー作戦と同時に発動された比島攻略作戦のために台湾・高雄基地を発進する三空の「零戦」隊。

●マレー・シンガポール航空戦

マレー・シンガポール方面の作戦には、第二十二航空戦隊司令部付戦闘機隊が投入された。この部隊は、台南空や三空の兵力の一部を抽出して臨時に編成されたもので、山田部隊とも呼ばれた。開戦直前の12月６日からマレー上陸船団の掩護に従事しており、開戦当日にはシンゴラ上空を哨戒中に、来襲したブレニム軽爆１機を撃墜して初戦果を記録した。

以後、船団掩護、泊地の防空、レド飛行場などの攻撃に従事していたが、翌17年１月12日以降はシンガポール攻略作戦に参加し、連日のように陸攻隊を掩護してシンガポールに進攻し、29日までの間に２機を失っただけで40機を撃墜するという戦果を記録した。

●蘭印航空撃滅戦

昭和17年２月、セレベス島ケンダリー飛行場で翼を休める三空の「零戦」二一型。三空はこの後、ボルネオ島のバリクパパンに進出する。

アンボン島の三空の「零戦」二一型。蘭印作戦後、三空は主力をケンダリーとクーパンに置き、一部をアンボンに分派した。

比島の航空撃滅戦が終了すると、台南空と三空の「零戦」隊は蘭印に転じた。1942年２月３日には三空と台南空がジャワ島に進攻し、三空はスラバヤ上空で敵戦闘機隊と大空戦の末に39機を撃墜したほか、銃撃で19機を撃破・炎上させた。一方、台南空はマジュンとマランで空戦と銃撃により２機を撃墜し、13機を撃破もしくは炎上させた。以後、両隊は３月９日に蘭印作戦が終了するまで、東部ジャワ進攻作戦、チモール島進攻作戦、バリ島進攻作戦と、この方面の敵航空兵力の撃滅、防空、船団掩護などに活躍した。

なお、三空は、１月12日にセレベス島のメナドに進出してから３月３日にチモール島のクーパンに移るまでの間に、撃墜86機、大破・炎上90機という戦果をあげており、戦果は比島航空戦を含めると撃墜約150機、

昭和17年1月21日、東部ニューギニアのラエのオーストラリア軍基地攻略のため五航戦の「瑞鶴」を発進する「零戦」二一型。

大破・炎上約170機に達している。

蘭印作戦終了後、台南空は南東方面に転じたが、三空はケンダリー、クーパン、アンボンなどに展開して、アラフラ海方面の防空やポートダーウィン進攻に活躍を続けた。

また、マレー・シンガポール方面の作戦を終えた二十二航戦戦闘機隊も、バタビア攻撃、パレンバン攻略船団の掩護などに活躍し、蘭印作戦終了後はタイ方面に転じ、3月末から4月初めまでビルマに進出してアンダマン諸島の哨戒、アキャブ攻撃などに従事していたが、4月1日の鹿屋空戦闘機隊の誕生に伴ってこれに吸収された。鹿屋空戦闘機隊は9月に南東方面に転出するまで、サバン、アンダマンを基地として防空任務に活躍している。

空母戦闘機隊の激突
インド洋と珊瑚海

●インド洋海戦

ハワイ作戦後、空母「赤城」、「加賀」、「蒼龍」、「飛龍」、「翔鶴」、「瑞鶴」の「零戦」隊がラバウル攻略戦（後述）に参加したのに続いて、1942年2月19日には空母「赤城」、「加賀」、「蒼龍」、「飛龍」の「零戦」隊が機動部隊と陸攻隊のポートダーウィン空襲に参加し、36機で撃墜4機、地上撃破8機という戦果をあげたほか、ジャワ南岸のチラチャップの攻撃などに活躍している。

この蘭印方面での作戦を終えると「加賀」は内地に帰還したが、「赤城」、「蒼龍」、「飛龍」の3空母は「翔鶴」、「瑞鶴」と合流してインド洋に進出し、セイロン島のコロンボとツリンコマリーを攻撃したほか、4月5日に英重巡洋艦2隻（「ドーセットシャー」、「コンウォール」）、9日には英空母「ハーミス」ほか5隻を撃沈した。

5隻の空母に搭載されていた「零戦」は常用、補用合わせて105機で、4月5日のコロンボ攻撃には制空隊として41機（29～30機ともいう）が参加してハリケーンなど40機を撃墜した。重巡洋艦攻撃は艦爆隊のみで行なわれたが、「ハーミス」攻撃には6機が加わっており、機動部隊上空の直衛にも多数が参加して、ブレニム、カタリナなどを撃墜している。「零戦」隊の損失は5機であった。

このインド洋海戦は、空母が空母を撃沈した最初の戦いであり、もし、「ハーミス」が艦上戦闘機を搭載していれば、史上初の空母戦闘機隊同士の戦いが展開されたはずであるが、「ハーミス」は飛行機を搭載していなかったために、史上初の空母搭載機対空母搭載機の対決は次の珊瑚海海戦にもちこされることになる。

●珊瑚海海戦

1942年5月7、8日の両日、南太平洋の珊瑚海で日米の機動部隊が史上初の空母対空母の決戦を展開した。

この珊瑚海海戦に参加した「零戦」は48機（「翔鶴」、「瑞鶴」各21機、「祥鳳」6機）で、7日の米空母「レキシントン」と「ヨークタウン」の攻撃隊と空母「祥鳳」との戦いでは、「祥鳳」艦戦隊はわずか6機（「零

珊瑚海海戦直前、五航戦「瑞鶴」艦上で甲板待機する「零戦」二一型。後方のスピナのない３翅プロペラ機群は「九七式艦攻」。

戦」３機、「九六式艦戦」３機）で93機の敵機を迎え撃って５機（うち不確実１機）を撃墜した。母艦を失った艦戦隊は、３機が陸上基地に不時着し、残る３機は行方不明となっている。

続く８日の「翔鶴」、「瑞鶴」と「レキシントン」、「ヨークタウン」との戦いでは、攻撃隊に参加した「零戦」18機（「翔鶴」、「瑞鶴」各９機）が敵機動部隊の上空を直衛していた「Ｆ４Ｆ」、「ＳＢＤドーントレス」艦爆と交戦し、撃墜64機（うち不確実５機）を報じた。

一方、味方機動部隊上空の直衛にあたった「零戦」19機（「翔鶴」９機、「瑞鶴」10機）は、来襲した敵攻撃隊82機のうち45機（うち不確実７機）を撃墜したと報じたが、「零戦」隊も１機が母艦を救うために敵雷撃機に体当たりし、２機が不時着水した。

日本機動部隊主力壊滅

●ミッドウェー海戦

ミッドウェー海戦（1942年６月５～６日）に参加した４隻の空母（「赤城」、「加賀」、「蒼龍」、「飛龍」）の「零戦」の定数は、常用72機、補用12機、合わせて84機だったが、このほかにミッドウェー島占領後、同島に進出する予定だった六空の「零戦」21機も搭載しており、実際には約105機の「零戦」が搭載されていたと推定される。そして、ミッドウェー島攻撃では36機が制空隊として参加し、迎撃してきた「Ｆ４Ｆ」など30～47機を撃墜して攻撃隊掩護の任務を完遂した。

攻撃隊発進後に母艦に残っていた「零戦」は常用機の半数（約36機）と補用機と六空機で、米機動部隊の第一次攻撃隊の攻撃が開始された時は34機が上空直衛の任に就いていた。

その後、戦いの進行に連れて上空直衛機の数は変動したが、結局、各空母とも使用可能な「零戦」のすべてが防空戦闘に出動したほか、ミッドウェー島攻撃から帰還した「零戦」隊や六空機も防空戦闘に参加した。「零戦」隊が母艦上空での防空戦闘で撃墜した敵機の数は、最後の「飛龍」上空での迎撃戦を含めて120機に達している（米側記録では76機）。

また、「飛龍」攻撃隊が米機動部隊に反撃を加えた際には、第一次、第二次合わせて12機（うち２機は引き返す）が参加して18機（うち不確実６機）を撃墜している。

この戦いで日本海軍は、米空母「ヨークタウン」を撃沈したものの、４隻の空母が全滅するという創設以来の大打撃を受けたが、「零戦」隊に関する限りは一方的な敗戦ではなかった。

●ダッチハーバー攻撃

ミッドウェー作戦に呼応して６月４、５日の両日、空母「龍驤」と「隼鷹」がアリューシャン列島の要衝ダッチハーバーを攻撃した。両空母の「零戦」の定数は16機ずつであったが、「隼鷹」はそのほかにミッドウェー島に進出する予定の六空の「零戦」12機も搭載しており、この六空機も攻撃に参加した。

「零戦」隊は、４日の第一次攻撃には16機、第二次攻撃には12機、５日の第三次攻撃には10機が参加、悪天候のなか奮闘してカーチス「Ｐ-40ウォーホーク」、「ＰＢＹカタリナ」など10数機を撃墜したが、「龍驤」の「零戦」１機がアクタン島に不時着して米軍に鹵獲（ろかく）されている。

（あきもとみのる・航空史研究家）

「零戦」の戦歴　第二章

ラバウル「零戦」隊の死闘

昭和17年1月に占領して以来、南東太平洋方面の一大航空基地となったラバウルを中心に繰り広げられた航空戦の数々。

文=秋本 實

ラバウル航空戦 〈PART 1〉

「零戦」隊のラバウル進出

日本が、太平洋戦争で最大の航空戦の舞台となったニューブリテン島のラバウルを攻略したのは、1942年（昭和17）1月23日であった。この戦いには「赤城」、「加賀」、「蒼龍」、「飛龍」、「翔鶴」、「瑞鶴」の6隻の空母が参加し、「零戦」隊は制空、攻撃隊掩護（えんご）、地上銃撃、上陸部隊の上空警戒、上陸支援などに活躍した。

そして、占領3日後の1月26日、千歳空戦闘機隊がカビエンに進出し、さらに、31日にはラバウル東飛行場に基地を進めた。いわゆるラバウル航空隊の誕生である。千歳空戦闘機隊は、2月10日付で新編の四空に編入されて四空戦闘機隊となった。

当時、千歳空戦闘機隊は「九六式艦戦」を装備していたが、同隊の進出に先立って、1月25日に分解された「零戦」3機が到着して28日には組み立てを終えており、さらに、2月17日に空母「祥鳳」で6機（7機ともいう）の「零戦」が運ばれてきた。「零戦」の到着によって戦力を充実させた四空戦闘機隊は、2月24日を皮切りに東部ニューギニア南岸の要衝ポートモレスビー攻撃を開始する。長駆、オーストラリア東北端のホーン島にまで足を延ばしたこともあった。

4月1日、四空戦闘機隊は台南空に編入されたが、この時に保有していた「零戦」はラバウル、ラエ両基地合わせて10機であった。台南空の本隊がラバウル進出を完了したのは4月16日で、翌17日から東部ニューギニア方面の航空作戦を開始したが、同月25日現在の保有兵力は、ラエに「零戦」24機、ラバウルに「零戦」8機と「九六式艦戦」6機であった。そして、連日、ポートモレスビー攻撃、ホーン島攻撃、ラエ防空、ブナ泊地哨戒などに従事したが、機材の補給は不十分で実動兵力は20機程度という状態が続いた。

台南空が4月から7月までの4カ月間に行なったポートモレスビー攻撃は、延べ51回、延べ602機で、戦果は撃墜だけでも246機と記録されている。これにホーン島攻撃、ラエ迎撃戦などの戦果を加えると、撃墜は約300機に達する。これに対して損失は、自爆・未帰還合わせて20機であった。

ガダルカナル航空戦の開幕

1942年8月7日に米軍がツラギとガダルカナル島に上陸を開始した時、台南空の稼働兵力は18機に過ぎなかったが、陸攻隊や二空艦爆隊と協力して全力で反撃し、第1日目の8月7日には2機の損失のみで43機を撃墜したのを皮切りに、以後、連日、ガ島攻撃に奮闘した。

二空の「零戦」隊（15機）は、ニューヘブリデス諸島のニューカレドニアに進出するため、米軍のガ島上陸の前日にラバウルに到着していた。当初は、航続力の短い32型が主力であったことからガ島攻撃には参加せず、ラエやブナを基地としてポートモレスビー、ラビなど東部ニューギニア方面の攻撃に従事していたが、9月上旬以降はガ島攻撃に加わった。

さらに、8月下旬から9月中旬にかけて、六空（18機。21機ともいう）、三空派遣隊（21機）、鹿屋空戦闘機隊派遣隊（9機、のちに24機程度に増強）もこの方面の戦いに投入された。

第二次ソロモン海戦

8月24日、ガ島方面の戦局の急変に伴ってソロモン海域に進出した機動部隊（「翔鶴」、「瑞鶴」、「龍驤」）は、「サラトガ」と「エンタープライズ」に損傷を与えたが、わが方も「龍驤」を失った。

これが第二次ソロモン海戦で、この戦いに参加した3空母が搭載していた「零戦」は、「翔鶴」、「瑞鶴」各27機、「龍驤」24機の合計78機であった。ガ島攻撃に「龍驤」の15機、第一次攻撃隊の掩護に10機（「翔鶴」4機、「瑞鶴」6機）、第二次攻撃隊の掩護に9機（「翔鶴」3機、「瑞鶴」6機）が参加したほか、延べ42機（「翔

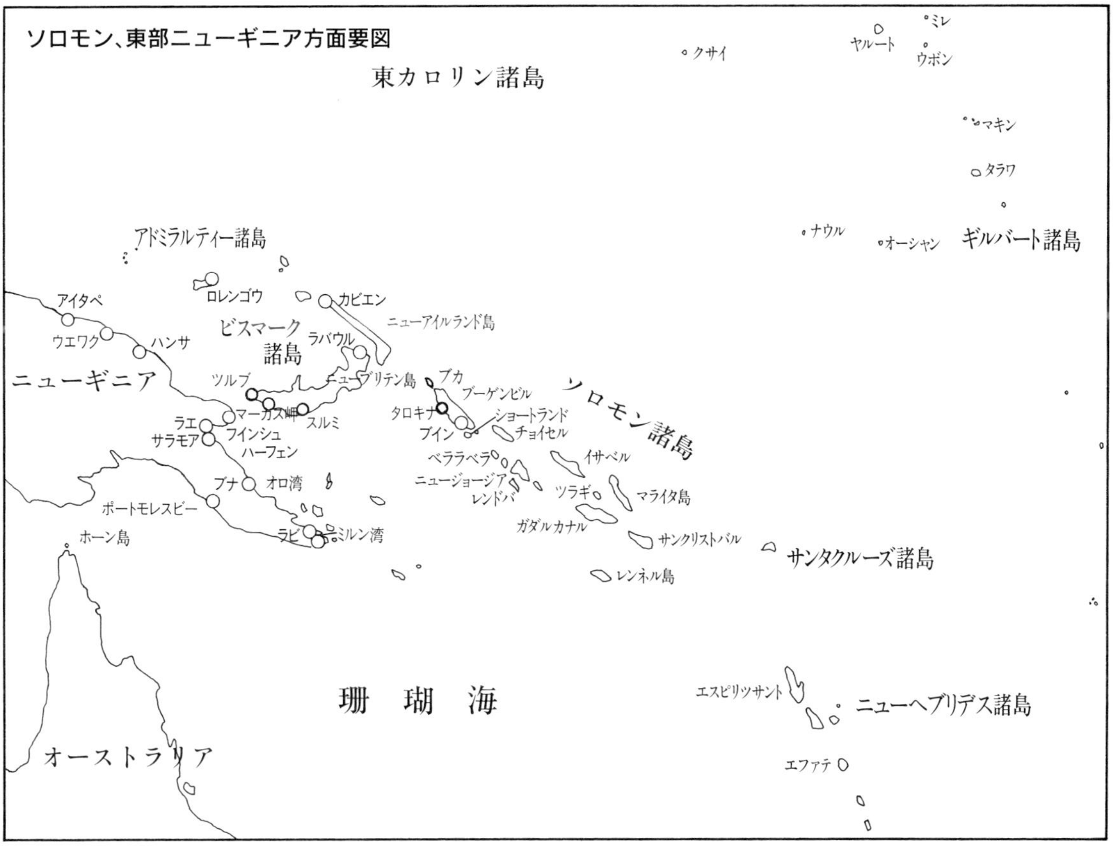

ソロモン、東部ニューギニア方面要図

鶴」19機、「瑞鶴」16機、「龍驤」７機）が機動部隊の上空直衛に活躍し、第一次攻撃隊が12機以上、ガ島攻撃隊が約15機、上空直衛機が「翔鶴」、「瑞鶴」上空で１機、「龍驤」上空で10機、合計38機以上を撃墜した。「零戦」隊は６機が自爆あるいは未帰還となったほか、不時着水や「龍驤」の沈没などで24機を失った。

その後、10月初めにラバウルとガ島のほぼ中間のブーゲンビル島のブインに基地が完成し、８日以降、六空がここに進出して、地の利を生かしてガ島進攻やガ島増援船団の援護に活躍したほか、ブイン方面の防空などにも従事した。

南太平洋海戦

第二次ソロモン海戦終了後、「翔鶴」と「瑞鶴」の「零戦」計29機がブカ基地に派遣され、８月28日から９月４日までガ島攻撃に協力した。さらに、10月には「隼鷹」と「飛鷹」がソロモン海域に進出し、その「零戦」隊は同月13日にガ島砲撃に向かう挺身（ていしん）攻撃隊（戦艦「金剛」、「榛名」など）の上空警戒を実施したほか、ガ島攻撃などに活躍した。

1942年10月26日の南太平洋海戦には、「翔鶴」、「瑞鶴」、「瑞鳳」、「隼鷹」の４空母が参加し、米空母「ホーネット」を撃沈し「エンタープライズ」を撃破した。

４空母の「零戦」の定数は合計96機で、このほかに「飛鷹」の３機が「隼鷹」に搭載されていた。第一次、第二次、第三次合わせて延べ61機が攻撃隊に参加して、制空や艦爆隊・艦攻隊の直衛に従事したほか、延べ約24機が敵攻撃隊の迎撃に奮闘した。戦果は撃墜64機、損害は自爆・未帰還合わせて17機、不時着水７機であった。

「零戦」隊の増強

この海戦に先立って、「飛鷹」の「零戦」隊の一部が10月23日以降、ラバウルに派遣されていたが、11月１日にその一部がブインに分派された。そして、ラバウル派遣隊が11月11日にトラックに帰還したのちも12

昭和17年10月26日の南太平洋海戦当日、一航戦「翔鶴」を発進する飛行隊長・新郷英城大尉機。尾翼識別符号は五航戦時代のままである。

月14日までガ島攻撃などに参加しており、第三次ソロモン海戦（11月12〜14日）の際には戦艦「比叡」以下の挺身攻撃隊や高速船団の上空直衛などに従事した。

10月１日、鹿屋空戦闘機隊が二五三空と改称され、11月１日には、台南空が二五一空、三空が二〇二空、六空が二〇四空、二空戦闘機隊が五八二空戦闘機隊と改称された。そして、11月９日には二五二空（旧元山空戦闘機隊）が新たに加わった。

８月上旬に米軍がガ島に上陸して以来、10月末までの３カ月間に、201機の撃墜と引き換えに歴戦の搭乗員32名を失った二五一空は、戦力回復のためにいったん本土に帰還する。

進出以来、68機（うち不確実20機）の撃墜を記録し８名の搭乗員を失っていた二〇二空派遣隊が南西方面に復帰したほか、五八二空戦闘機隊もふたたび東部ニューギニア方面の作戦に戻った。

一方、カビエンに本隊、ラバウル、ブカ、スルミに派遣隊を展開させた二五二空（艦戦48機、陸偵４機）は、1943年５月中旬にサイパンに退却するまで、ガ島攻撃、船団護衛、要地防空などに活躍を続けて約110機を撃墜したが、30数人にも及ぶ多数の搭乗員を失っている。

ラバウル航空戦 〈PART 2〉

「い」号作戦

基地航空兵力の不足を補うために、空母飛行隊の陸上基地派遣は1943年に入っても繰り返された。

まず、１月17日から25日まで、「隼鷹」の飛行機隊が船団掩護のためにウエワクに派遣されて「Ｂ-24」の迎撃に奮闘し、２月上旬の「ケ」号作戦（ガ島撤収作戦）の際には、「瑞鶴」飛行機隊が１月29日から２月17日までラバウルとブインに進出し、二〇四空や五八二空などの「零戦」と共に撤収に協力した。

この間の２月13日には、高速艦戦として前評判の高かったボート「Ｆ４Ｕコルセア」がガ島に進出し、翌14日にブイン上空で「零戦」と初めて対決した。この戦いは「零戦」が「Ｆ４Ｕ」を圧倒したが、その後、高速で急降下性能に優れた「Ｆ４Ｕ」は「零戦」にとって手ごわい相手となった。

「ケ」号作戦には「隼鷹」や「瑞鳳」も参加しており、「瑞鳳」飛行機隊は撤退終了後、ウエワク（２月８〜28日）とカビエン（３月２〜13日）に派遣されて陸軍部隊のニューギニアへの増援を掩護した。

最も規模の大きかったのは、1943年４月５日から14日まで展開された「い」号作戦である。「瑞鶴」、「隼鷹」、「飛鷹」、「瑞鳳」の飛行機隊がラバウルに進出し、基地航空隊の各隊（一五一、二〇四、二五三、五八二、七〇五、七五一空）と協力して、ガ島およびニューギニア方面の艦船攻撃と航空撃滅戦を実施した。参加兵力は、母艦飛行機隊が184機、基地航空隊が166〜205機の合計約350〜389機で、開戦以来、最大の兵力を投入した作戦であった。

このうち、「零戦」は母艦飛行機隊が103機、基地航空隊が約108機の合計約211機で、６日のガ島方面艦船攻撃に157機、11日のオロ湾方面艦船攻撃に72機、12日のポートモレスビー敵飛行場攻撃と14日のミルン湾敵艦船攻撃に131機ずつが参加しており、出撃総数は延べ491機に達した。攻撃機数はほかの機種の分を含めて134機、「零戦」隊の損失は18機だった。

４月18日、ブイン、ショートランド方面の視察に向かった山本五十六長官は、バラレ到着直前に16機のP38の奇襲攻撃を受け、護衛の二〇四空の「零戦」６機の奮闘もむなしく戦死した。

反攻の強化

その後も米軍の反攻はますます激化したが、「零戦」隊は敢然とこれに立ち向かい、ソロモン方面ではルッセル島方面航空撃滅隊（６月）、ルンガ沖航空戦（６月）、レンドバ方面泊地攻撃および航空撃滅戦（７月）、ベララベラ方面敵上陸部隊攻撃（８月）と活躍は続いた。９月に入ると、東部ニューギニア方面でもラエ方面やフィンシュハーフェン方面に敵が来攻して、この方面の戦局も緊迫の度を増す。

こうした事態に対応するために、二航戦（「隼鷹」、「飛鷹」、「龍鳳」）の飛行機隊、二五三、二〇一空、「瑞鳳」の飛行機隊がこの方面の戦闘に投入されたが、「零戦」隊の稼働兵力は166〜200機程度で定数を下回っていた。しかし、各隊とも奮闘を続けており、「零戦」隊の出撃機数は９月には延べ2717機、10月には延べ3082機に達している。

「ろ」号作戦

戦局の挽回（ばんかい）を企図した日本海軍は、「い」号作戦に倣って、ふたたび空母飛行機隊と基地航空隊による一大航空撃滅戦を計画した。「ろ」号作戦である。

1943年11月１日、一航戦（「翔鶴」、「瑞鶴」、「瑞鳳」）の飛行部隊173機（157機ともいう）がラバウルとカビエンに進出する。うち82機（66機ともいう）が「零戦」であった。

これと前後して敵がブーゲンビル島のタロキナ岬に上陸を開始したために、一航戦飛行機隊と基地航空隊は、計画を変更してこの敵を迎え撃った。「零戦」隊は、２日早朝のタロキナ岬沖の敵艦船攻撃に89機（一航戦65機、基地航空隊24機）が参加したのを皮切りに、同日のラバウル迎撃戦に115機（一航戦58機、基地航空隊

昭和18年4月7日（「い」号作戦〔X攻撃〕当日）、ブーゲンビル島ブイン基地から出撃直前の手前「零戦」二一型群と奥の二二型群。

57機）、5日のラバウル迎撃戦に71機（一航戦47機、基地航空隊24機）、8日のタロキナ岬攻撃（第二次ブーゲンビル島沖航空戦）に71機（一航戦40機、基地航空隊31機）、11日のラバウル迎撃戦に107機（一航戦39機、基地航空隊68機）、同日の機動部隊白昼攻撃（第三次ブーゲンビル島沖航空戦）に33機（一航戦）が参加して奮闘した。

「ろ」号作戦は12日に終了し、一航戦飛行機隊は一部を残してトラック島に引き揚げる。この作戦で一航戦「零戦」隊は47機を撃墜したが、進出兵力の52％に相当する43機を失った。基地航空隊の兵力の消耗も予想以上に激しく、一航戦の「零戦」隊が引き揚げた後は「零戦」隊の兵力は50機程度になってしまった。

このため、北千島に展開していた二八一空の「零戦」の一部（16機）が送り込まれるなどして兵力の増強が図られ、12月初めには南東方面の「零戦」隊の稼働兵力は約90機に回復したが、12月14日に敵がニューブリテン島南西岸のマーカス岬に上陸したのに続いて、17日以降、ラバウルに対する戦爆連合の大編隊による昼間大空襲が開始され、さらに、25日には敵がニューブリテン島北西岸のツルブにも上陸するなど、「零戦」隊の負担は増す一方であった。

18日に「瑞鶴」の「零戦」18機がラバウルに送り込まれて「瑞鶴」派遣隊が増強され、27日には戊（ぼ）号輸送作戦のために二航戦（「隼鷹」、「飛鷹」、「龍鳳」）の「零戦」36機がカビエンに進出したが、これを加えても1943年12月末時点での南東方面の「零戦」隊の兵力は121機に過ぎなかった。

ラバウル「零戦」隊、最後の奮闘

1944年に入ると、前年の7月に進出して以来、半年間で約450機撃墜という戦果を記録した二〇一空が、兵力を消耗し尽くして1月4日にサイパンに後退し、続いてカビエンに進出していた二航戦の「零戦」隊も、保有機の一部を残してトラックに帰った。

これによって、「零戦」隊の稼働機は80機程度にまで低下するが、ラバウルに対する空襲は激化する一方で、二〇四空、二五三空、「瑞鶴」派遣隊などは、連日、延べ36〜92機で迎撃戦を展開しており、1月中の出動の延べ機数は1525機に達した。200機中87機を撃墜するという戦果をあげた日もあり、日本側資料では撃墜数は724機（うち不確実171機）と記録されているが、米側資料では100機である。「零戦」隊の損失は71機であった。

1月下旬の二〇四空と「瑞鶴」派遣隊のトラックへの後退に伴って、同月25日に「零戦」62機を含む二航戦飛行機隊がラバウルに進出するが、月末までのわずか6日間の戦闘で半数が失われてしまう。

2月に入ると空襲はさらに激化し、160〜241機という大編隊による空襲が連日のように続いた。これを迎え撃つ「零戦」隊は、2月1日から19日にかけて53機が補充されたが、同じ期間に30機を失っており、激しい消耗のために迎撃能力は連日50機程度に低下していた。

この間の17、18の両日、トラック島に敵機動部隊が来襲してこの方面の航空兵力が大打撃を受けたため、ラバウルの航空部隊をトラック島に後退させることになる。トラック島への移動は19日から開始され、「零戦」隊は19日に37機、21日から28日までに14機が移動した。

こうして、ラバウル航空隊は一応その幕を閉じた。だが、ラバウルに残留した二五三空の搭乗員と整備員や航空廠員は、残されていた20機余りの破損した「零戦」を修理し、翌45年4月ごろまで迎撃、グリーン島銃爆撃、アドミラルティ諸島方面の強行偵察などを行なって、この方面の作戦に寄与している。

（あきもとみのる・航空史研究家）

「零戦」の戦歴　第三章

「F6F」との対決の果て

米軍の反攻は日に日に勢いを増し、グラマン「F6Fヘルキャット」の出現によって「零戦」の苦闘の度合いはさらにエスカレートしていく。

文=秋本 實

戦いは中部太平洋へ

●「F6F」との初対決

前述したように、南東方面で激闘が続けられていた間に、敵の反攻の手は中部太平洋にも延びてきた。

1943年（昭和18）9月1日の艦上機の南鳥島（マーカス島）空襲に続いて、18日夜から19日にかけての大型機の空襲、19日の機動部隊の艦上機の空襲、20日の大型機の空襲と、タラワ、ナウル、マキン方面に対する空襲が繰り返され、10月6日にはウェーク島に艦上機約400機が来襲した。そのなかには、9月1日の南鳥島空襲でデビューした敵の新鋭艦上戦闘機グラマン「F6Fヘルキャット」47機が含まれており、迎え撃った二五二空ウェーク島派遣隊の「零戦」23機との間で激しい空戦が展開される。

「零戦」隊はこの「F6F」との初対決で14機（米側発表は6機）を撃墜したものの、衆寡敵せず、全機を喪失し搭乗員15名を失った。増援に駆けつけた二五二空タロア派遣隊の7機（6機ともいう）も、ウェーク島を目前にして「F6F」20〜30機の攻撃を受け、3機を撃墜したもののウェーク島に到着したのは4機（3機ともいう）に過ぎなかった。

●マーシャル沖航空戦

11月21日に敵がギルバート諸島のマキン、タラワ両島に上陸した時、二五二空の「零戦」46機がルオット、タロア、ナウルに展開していて、迎撃、上陸部隊銃撃、陸攻隊掩護（えんご）などに活躍していた。

こうした中部太平洋の危機を救うために、北東方面の二八一空に中部太平洋進出が命ぜられ、同隊が到着するまでのつなぎとして25日に一航戦の「零戦」30機が投入されたが、同日、マキン、タラワ両島の守備隊は玉砕した。二八一空は12月3日に第一陣がルオットに到着し、8日までに全機が進出を終えた。この間の5日には、米機動部隊がルオットに来襲、陸攻隊はこれを迎え撃ってマーシャル沖航空戦を展開した。到着早々の二八一空も一航戦「零戦」隊と共に迎撃に参加したが10機を失い、一航戦「零戦」隊も大打撃を受けてトラック島に後退した。

以後、二八一空はルオットやミレの防空、マキン島攻撃などに従事していたが、12月下旬からマーシャル方面に対する大型機の空襲が激化したために、ルオットの二八一空（25〜30機）とタロアの二五二空（約30機）はその迎撃に活躍し、二五二空は1カ月間で「B-24」約50機を撃墜している。

1944年1月30、31日の両日、敵機動部隊が大挙してマーシャル方面に来襲し、二八一空と二五二空は果敢な迎撃戦を展開したが、空戦と空爆で兵力のすべてを消耗する。2月1日には敵がクェゼリン、ルオット両島に上陸、飛行場を失った二八一空は司令以下が陸戦隊として奮闘し、両島守備隊と共に玉砕した。

この間の2月17、18日の両日には、日本海軍の中部太平洋における大本拠地であるトラック島が米機動部隊の空襲を受けた。この時、「零戦」は、二〇一空派遣隊（8機）と二〇四空（31機以上）がトラック島の基地に展開していたほか、五〇一空派遣隊が25機以上の爆撃戦闘機型を保有していたが、この迎撃戦で健闘むなしくそのほとんどが失われている。

●「あ」号作戦

2月23日には、米機動部隊がマリアナに来襲した。サイパン島には二〇一空の「零戦」4機、テニアン島には二六三空の「零戦」18機が展開していたが、空戦と空襲で失われている。その後も、パラオ、カロリン諸島、南鳥島、ウェーク島などに対する空襲が続き、二〇一空、二〇二空、二五三空、二六一空、二六三空などの「零戦」がこれを迎撃し、ニューギニアのホランジアやビアクに来攻した敵に対しては、一五三空や二〇二空の「零戦」が健闘した。

5月20日、「あ」号作戦が発動され、機動部隊はタウイタウイに集結、二〇一空、二〇二空、二五三空、二六一空（虎）、二六三空（豹）、二六五空（狼）、三〇一空、三二一空、三四一空（獅子）、初代三四三空（隼）などの「零戦」隊を含む基地航空隊も、要地に展開して決戦態勢に入った。

戦いは6月11日の敵機動部隊によるマリアナ空襲で始まり、15日には敵がサイパン島に上陸を開始した。基地航空部隊は総力をあげて迎撃し、さらに、19日か

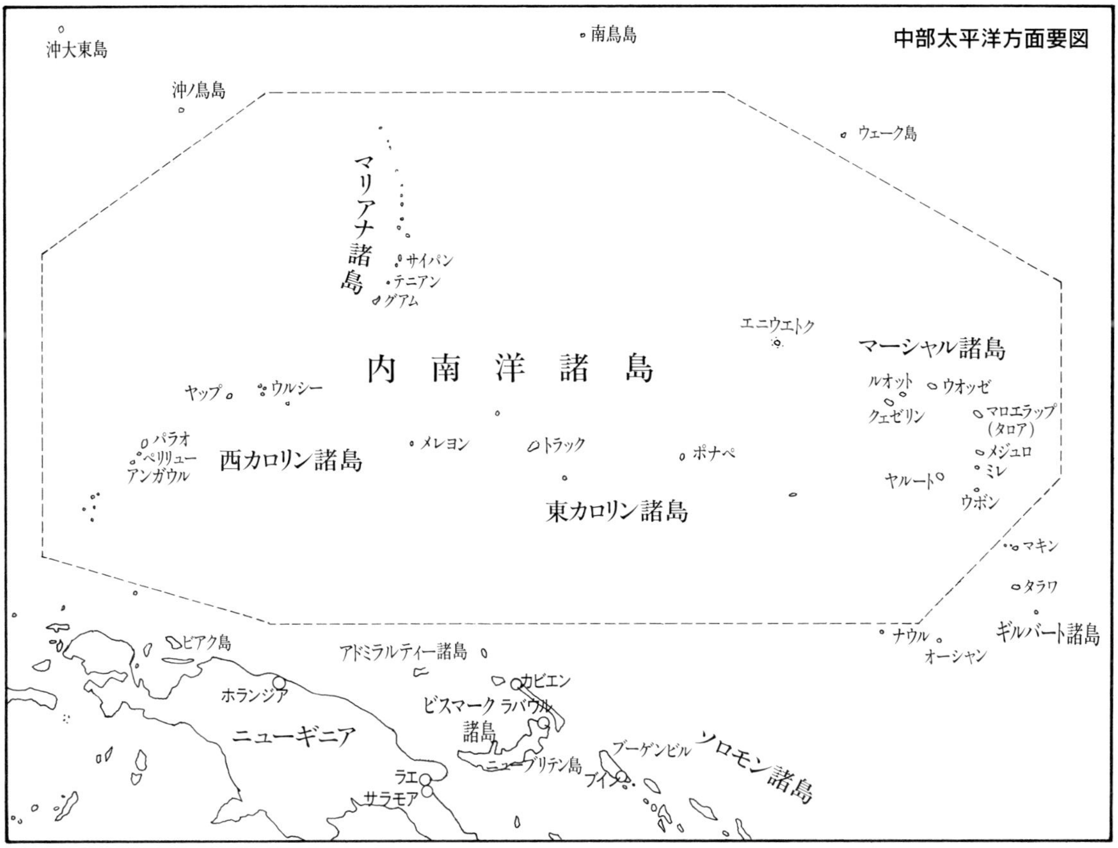

ら20日にかけてマリアナ西方洋上で日米機動部隊が対決した。

日本は、このマリアナ沖海戦に「大鳳」､「瑞鶴」､「翔鶴」（以上、一航戦）、「隼鷹」、「飛鷹」、「龍鳳」（以上、二航戦）､「千歳」､「千代田」､「瑞鳳」（以上、三航戦）の９隻の空母を投入するが、この海戦から、各空母には個有の飛行隊を置かずに航空隊が分乗する方式が採用されており、六〇一空が一航戦、六五二空が二航戦、六五三空が三航戦に配属されていた。保有機総数439機のうち、「零戦」五二型が151機、「零戦」二一型改造の爆撃戦闘機（爆戦）が83機だった。

６月19日の米機動部隊への攻撃には、一航戦第一次攻撃隊に「零戦」48機、同第二次攻撃隊に「零戦」４機と爆戦10機、二航戦第一次攻撃隊に「零戦」17機と爆戦25機、同第二次攻撃隊に「零戦」26機（うち１機は引き返す)、三航戦第一次攻撃隊に「零戦」14機と爆戦43機が参加したが、敵戦闘機の大群に迎撃されて大きな被害を被った。なお、「零戦」隊は翌20日の母艦上空での迎撃戦闘でも活躍している。

この戦いで、日本側の攻撃隊324機は、質・量ともに勝る米戦闘機隊に阻まれてそのほとんどが米機動部隊に到達することができず、日本は「大鳳」、「翔鶴」、「飛鷹」の３空母と搭載機の大半を失った。

なお、マリアナで死闘が繰り広げられていたころ、硫黄島にも激しい空襲が繰り返されており、横須賀空を中心に二五二空、三〇一空などで編成された八幡部隊が、来襲した米艦上機と激闘を展開している。

比島攻防戦

●比島決戦の開幕

９月に入ると、比島とその支援基地である台湾に対する航空攻撃が開始される。そして、10月12日から16日にかけて、台湾方面に来襲した米機動部隊を迎え撃って台湾沖航空戦が展開された。この戦いには、二〇一空、二〇三空、二二一空、二五二空、二五四空、二五六空、三四一空、六三四空、六五三空、戦闘第三〇三飛行隊などの「零戦」が参加し、迎撃、攻撃隊掩護、艦船攻撃などに従事している。

台湾沖航空戦が終わった翌日の10月17日、敵はレイテ湾口のスルアン島に上陸を開始し、20日にはレイテ島に来攻した。この時、比島に展開していた海軍航空部隊の稼働兵力は39機程度で、このうち34機が「零戦」であった。この乏しい兵力で初期迎撃作戦を展開する一方で、24日の航空総攻撃に備えて増援部隊が比島に投入された。その兵力は300機余りで、このうち「零戦」は、二二一空、二五二空、六三四空、六五三空、二〇三空（戦闘三〇四飛行隊）の各隊合わせて202～212機であった。

このほか、二五四空なども比島に投入されており、これらの「零戦」は、レイテ進攻、機動部隊攻撃、攻撃隊掩護、特攻、特攻機直掩、索敵、基地迎撃戦、船団護衛などに奮闘した。

●神風特別攻撃隊の編成

比島決戦では、神風特別攻撃隊による体当たり攻撃が開始された。10月19日に、その第一陣として敷島隊以下の各隊が編成された。使用機はいずれも爆戦で、21日に突入した大和隊の久納中尉の戦果は確認されずに終わったが、25日には菊水隊、敷島隊が突入に成功し、米空母「セントロー」などを撃沈した。以後、続々と神風特攻隊が編成されるが、その主力となったのは爆戦であった。

●比島（レイテ）沖海戦

一方、三航戦（「瑞鶴」、「千歳」、「千代田」、「瑞鳳」）と四航戦（「伊勢」、「日向」）で編成された機動部隊は、10月24、25日の２日間にわたって米機動部隊と戦いを繰り広げた。これが比島沖海戦で、日米空母とその「零戦」隊の最後の戦いとなった。

４隻の空母には六〇一空と六五三空が分乗したが、その兵力は116機で、うち52機が「零戦」、28機が爆戦であった。24日には、「零戦」30機（「瑞鶴」10機、「瑞鳳」８機、「千歳」７機、「千代田」５機）と爆戦20機（「瑞鶴」11機、「瑞鳳」３機、「千歳」２機、「千代田」４機）を中心とする攻撃隊が米機動部隊を襲って空母撃沈破を報じたが、実際には米空母には被害はなかったという。攻撃終了後、攻撃隊の大部分はかねての計画どおり、空母には帰艦せずに比島の陸上基地に進出した。

一方、母艦に残留した18機の「零戦」は、翌25日の朝に来襲した敵の攻撃隊180機を迎え撃ち、全弾を撃ち尽くすまで奮闘し12機を撃墜する。衆寡敵せず、「瑞鶴」以下４隻の空母は失われたが、敵機動部隊を引きつけるおとりの役割は十分に果たした。

最後の奮闘、硫黄島、沖縄、本土

●硫黄島攻防戦

1945年２月16日、東京府小笠原支庁硫黄島村に対する航空攻撃と艦砲射撃が開始された。この攻撃で硫黄島に配備されていた「零戦」などはほとんど破壊されたが、「零戦」１機が上陸用舟艇に対して銃撃を敢行している。

19日には敵が上陸を開始し、３月中旬まで激しい陸上戦闘が展開された。この間、陸攻隊などによる硫黄島の敵部隊や周辺の艦船に対する攻撃が繰り返され、２月22日には、直掩の「零戦」12機を含む第二御楯隊が硫黄島沖の敵空母と輸送船を攻撃している。

●沖縄決戦

３月18、19日の両日、沖縄進攻に先立って、敵機動部隊の艦上機が南九州に来襲した。この敵機動部隊の艦上機との戦いが九州沖航空戦で、18、19日の両日には、二〇一空の戦闘三〇三、同三一一、同三一二、七二一空の戦闘三〇五、同三〇六などの「零戦」164機が迎撃戦を展開し、撃墜破44機を報じたが28機を喪失している。

21日には、神雷部隊55機が直掩隊を引き連れて初出撃したが、敵戦闘機の猛攻に遭って攻撃隊は全滅、「零戦」隊も10機が未帰還となった。

４月１日、米軍が沖縄に上陸し沖縄決戦が始まった。この戦いには、二〇三空、二〇五空、二一〇空、二五二空、六〇一空、大村空、元山空、筑波空、百里原空、出水空、谷田部空、関東空などの「零戦」が参加した。この沖縄の航空戦は特攻攻撃が主体となっていたために、「零戦」隊の主な任務は、特攻機の前路制空、掩護、戦果確認、特攻基地の防空だったが、特攻機として突入した「零戦」も少なくない。

このほか、戦艦「大和」以下の水上特攻隊（第一遊撃部隊）の直衛、敵機動部隊攻撃、泊地制空、哨戒、索敵などに従事しており、関東空の夜戦型は、北・中飛行場、伊江島飛行場の銃撃をはじめとして、沖縄周辺の敵艦船の銃撃、機動部隊攻撃などに活躍した。

●各地の「零戦」隊

ソロモン、中部太平洋、比島、沖縄で激戦が繰り広げられているなか、「零戦」隊は、北東方面、南西方

昭和19年３月７日、愛知県豊橋基地からボルネオ島バリクパパンに向けて発進する三八一空の三菱製「零戦」五二型。

昭和19年11月27日午前８時、「B-29」襲撃のため硫黄島の千鳥飛行場から離陸滑走を開始するサイパン特別銃撃隊（のちに「第一御楯特別攻撃隊」として全軍布告）の指揮官・大村中尉搭乗機（画面右手の機体）。右から二人目の人物が寺岡謹平第三航空艦隊司令長官。

面、中国大陸などでも活躍していた。「零戦」隊の最後の戦いとなる本土防空戦について語る前に、こうした地域の「零戦」隊に目を向けてみよう。

北東方面では1943年５月以降、二八一空が、北千島の幌筵（パラシムル）島に展開し、来襲する敵哨戒機、爆撃機などの迎撃や哨戒に従事していたが、前述したように11月には中部太平洋方面に転じた。この間の６月には二〇一空も配備されたが、これも短期間で南東方面に転出している。翌44年４月には二〇三空がこの方面に配備され、幌筵島や占守（シムシュ）島に展開して迎撃や哨戒に従事したが、同年９月に比島方面に転出した。

南西方面では、大戦前半には三空（のち二〇二空）がポートダーウィン進攻や要地防空に大活躍しており、特に1943年５月２日のポートダーウィン進攻では、イギリスの誇る名戦闘機スピットファイアと初めて対戦して21機（豪側発表は13機）を撃墜した。

その後を受けて、大戦後半には、三三一空、三八一空、一五三空などの「零戦」が、カーニコバル、ポートブレア、バリクパパンなどの要地の防空をはじめ、対潜哨戒、船団護衛などに活躍しており、1943年12月５日には、三三一空の「零戦」27機が龍一号作戦と呼ばれた陸海軍合同のカルカッタ進攻作戦に参加している。

中国大陸では、「零戦」隊は、大戦前半は敵空軍の活動が比較的低調であったために特に配備されていなかったが、敵空軍の活動の活発化に伴って、1943年５月に佐世保空戦闘機隊の半数（９機）が三亜に派遣されている。10月１日には、二五四空（「零戦」24機、艦攻４機）が編成され、海南島の海口などに展開して、海南島および香港方面の防空、船団護衛、南寧進攻などに従事したほか、一部は華中に派遣されて揚子江方面の交通保護にあたった。

翌44年初めには、支那方面艦隊司令部付属飛行機隊も８機の「零戦」を保有していたが、その後、防空強化のために２月１日に二五六空（「零戦」24機、艦攻８機）が編成されて上海の龍華基地に展開し、上海防空、対潜哨戒、船団護衛、「B-29」迎撃に従事したほか、一部は香港に派遣され哨戒などに携わっている。

海上護衛航空隊は、当初は戦闘機を保有していなかったが、その後、九〇一空の本隊、釜山派遣隊、香港派遣隊、三亜派遣隊（旧二五四空）、九五一空の上海派遣隊（旧二五六空）が、基地防空や哨戒に「零戦」を使用するようになった。

●本土防空戦

1942年４月18日の東京初空襲の際には、加賀の「零戦」12機と六空の「零戦」12機が陸攻隊を掩護して出撃したが、敵を発見できずに終わっている。

1944年６月から始まった本土防空戦では、８月20日の「B-29」の北九州空襲の際に、三五二空の「零戦」３機が「月光」とともに迎撃戦を展開したのを皮切りに、北九州方面では三五二空、大村空、南九州方面では二〇三空、三五二空、六〇一空、大村空、横須賀空、京阪神方面では三三二空、名古屋・東海方面では二一〇空、関東方面では三〇二空、横須賀空、大村空、筑波空、谷田部空などの「零戦」が、「B-29」、「P-51」、艦上機などの迎撃に活躍している。

翌45年２月17日の艦上機迎撃戦では、横須賀空と審査部の「零戦」が「紫電改」や「雷電」と共に奮闘し、10数機で「F６F」、「F４U」計19機と交戦して全機撃墜という戦果をあげた。

終戦の日となった８月15日には、三〇二空の「零戦」８機が「雷電」４機と共に最後の迎撃戦を展開して「F６F」１機を撃墜し、初陣以来、５年余にわたる「零戦」隊の戦歴の掉尾（とうび）を飾っている。

（あきもとみのる・航空史研究家）

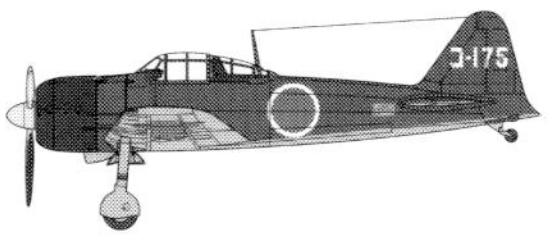

歴史群像シリーズ
太平洋戦史スペシャルvol.2
決定版 零式艦上戦闘機

2009年11月25日　第１刷発行

企画・編集●歴史群像編集部
編 集 協 力●岡田章雄(蔦屋)
デ ザ イ ン●岡田三枝子
蔦屋
イ ラ ス ト●胃袋豊彦・片渕須直・野原　茂・原田敬至・保坂宗雄・渡部利久
模 型 特 撮●田中ショウリ
作　　図●胃袋豊彦・野原　茂
撮　　影●黒柳写真事務所
写 真 提 供●菊池征男・国本康文・野原　茂・渡部利久・雑誌「丸」編集部
資 料 提 供●国本康文・古峰文三・野原　茂・雑誌「丸」編集部
出　　典●学習研究社発行「歴史群像」太平洋戦史シリーズ第12号「零式艦上戦闘機」・
第20号「零式艦上戦闘機２」・第66号「海軍航空技術廠」・歴史群像シリーズ「零戦パーフェクトガイド」／
立風書房発行「実録　日米大航空戦」／海軍航空本部発行『取扱説明書　零式艦上戦闘機』／
「エアワールド」1994年３月号別冊『第二次大戦　日本海軍機写真集』
参 考 文 献●堀越二郎・奥宮正武共著『零戦　日本海軍航空小史』(増補改訂版・昭和29年７月日本出版協同株式会社発行)／
出版協同社発行『日本航空機総集』三菱編・中島編／
グリーンアロー出版社発行『(大図解)零式艦上戦闘機』(イラスト／解説＝野原 茂)／
潮書房発行「丸メカニック」第３号『零戦　第１集』・第４号『零戦　第２集』／第28号『九六式艦上戦闘機』
文林堂発行「世界の傑作機」No.5『零式艦上戦闘機11-21型』・No.56『零式艦上戦闘機22-63型』
協　　力●菊池征男・三菱重工名古屋航空宇宙システム製作所資料室
版 下 製 作●ヴァイス

発行人────土屋俊介
編集人────新井邦弘
(企画編集)──渡部義之

発行所────株式会社　学研パブリッシング
〒141-8510　東京都品川区西五反田2-11-8
発売元────株式会社　学研マーケティング
〒141-8510　東京都品川区西五反田2-11-8
印刷所────凸版印刷株式会社

この本に関するお問い合わせは下記までお願い致します。
【電話】の場合
●編集内容については　03-6431-1509(編集部直通)
●在庫・不良品(落丁・乱丁)については　03-6431-1205(販売部直通)
●学研商品に関するお問い合わせは　03-6431-1002(学研お客様センター)
【文書】の場合
〒141-8510　東京都品川区西五反田2-11-8
学研お客様センター『決定版　零式艦上戦闘機』係

学研の書籍・雑誌についての新刊情報・詳細情報は、下記をご覧ください。
学研出版サイト　http://hon.gakken.jp/

【注】本誌は、［歴史群像］太平洋戦史シリーズに掲載したイラスト、CG、図解、記事の再録を中心に新たに構成したものです。